开课吧 | 数字化人才职场赋能 系列丛书

U0175199

Excel数据分析
从入门到进阶

开课吧◎组编

杨乐　丁燕琳　张舒磊◎编著

机械工业出版社

CHINA MACHINE PRESS

本书以解决实际工作问题为主线，结合丰富的案例进行深入探索，帮助读者掌握并精通 Excel 技能，培养数据分析思维，提升职场竞争力。全书分为 9 章，第 1 章主要概括数据分析的核心理论与分析流程，第 2~8 章主要介绍 Excel 数据填写规则、数据汇总方式、公式与函数、数据可视化以及透视表的操作，最后通过第 9 章的电商案例综合应用 Excel，介绍了如何通过数据透视表进行数据的处理。

本书适合有 Excel 基础的职场人士、迫切需要掌握 Excel 的应届毕业生、需要高效准确处理数据的财务会计、需要制作专业表格的公务员学习阅读。此外，本书配有相应的 Excel 数据文件，读者可以通过扫描封底二维码"IT 有得聊"回复 68481 获取下载链接免费下载使用。

图书在版编目（CIP）数据

Excel 数据分析从入门到进阶/开课吧组编；杨乐，丁燕琳，张舒磊编著．
—北京：机械工业出版社，2021.8（2022.1 重印）
（数字化人才职场赋能系列丛书）
ISBN 978-7-111-68481-7

Ⅰ．①E… Ⅱ．①开… ②杨… ③丁… ④张… Ⅲ．①表处理软件
Ⅳ．①TP391.13

中国版本图书馆 CIP 数据核字（2021）第 114155 号

机械工业出版社（北京市百万庄大街 22 号　邮政编码 100037）
策划编辑：张淑谦　　责任编辑：张淑谦　李培培
责任校对：张艳霞　　责任印制：单爱军
北京虎彩文化传播有限公司印刷

2022 年 1 月第 1 版·第 2 次印刷
184mm×260mm·12 印张·295 千字
标准书号：ISBN 978-7-111-68481-7
定价：89.00 元

电话服务　　　　　　　　　　　网络服务
客服电话：010-88361066　　　　机　工　官　网：www.cmpbook.com
　　　　　010-88379833　　　　机　工　官　博：weibo.com/cmp1952
　　　　　010-68326294　　　　金　书　网：www.golden-book.com
封底无防伪标均为盗版　　　　机工教育服务网：www.cmpedu.com

在职场中，Excel 的重要性不言而喻，它是个人计算机普及以来用途最广泛的软件之一。在公司各个部门的核心工作中，只要和数据打交道，Excel 几乎都是首要选择，如果连最基本的数据录入、数据整理都做不好，就无法做到跟其他人竞争。

对于职场人士来说，一些"表哥表姐"们上班的第一件事就是打开计算机，在 Excel 中随心所欲地处理各种数据、设计表格，但他们完全不懂得使用规则，最后分析出来的内容也让人无法直视。还有些办公人员，前辈们设计好表格，教会自己填写内容，接下来每天的工作就是重复，对于其中的思路丝毫不去领会。更多的是初入职场的"小白"，有心精通 Excel，但是不知道如何设计表单，不知道如何使用公式以及数据分析，遇到问题就是网上查，结果工作了很久，还是没能提升办公效率。其实，Excel 并不是大家看到的那样，仅仅是电子表格、存放数据以及汇总数据，它是一个逻辑性很强的集数据存储、数据记录、数据管理、数据分析于一身的综合性软件。

那么如何快速掌握 Excel，解决重复的操作，提高效率呢？仅仅查一些小窍门是无法真正精通的，必须系统、扎实地学习以及不断实践。本书以案例作为切入点，帮助读者轻松通过数据快速抓住最有价值的规律和信息，具有非常高的实用价值。第 1 章主要介绍数据分析核心理论以及基本流程；第 2 章主要介绍 Excel 中工作表和单元格的相关操作；第 3 章介绍数据类型、数据的输入以及如何制定规则，如何使用正确的方法来提升数据输入效率，避免输入错误数据；第 4 章主要介绍杂乱数据的处理以及汇总功能，从根本上使得数据更加整洁；第 5 章主要介绍数据分析利器——函数，结合案例，详细地讲解各项函数的使用方法；第 6 章主要介绍数据可视化，帮助我们快速梳理数据间的关系；第 7 章主要在各项图表基础上帮助大家从根本上掌握图表的各项基本元素；第 8 章主要介绍高效交互汇总数据，帮助读者从根本上掌握数据透视表的各项功能；第 9 章为电商案例分析。

本书所有的案例都在 Excel 2016 版本中进行了操作，并且每一章都提供了相应的数据帮助读者进行练习。此外，本书配有相应的 Excel 数据文件，读者可以通过扫描封底二维码"IT 有得聊"回复 68481 获取下载链接免费下载使用。

编　者

第 *1* 章

数据分析

随着互联网+的不断深入，网络中的数据量飞速膨胀。身处信息的海洋，在这个数据高速爆发的时代，企业想要快速发展，不能只简单地靠历史的经验，想要快速成功，就要认清数据、企业、社会三者之间的关系，因此就出现了数据分析这个职业。尤其是在以数据驱动为首的百度、美团以及京东等企业中，数据分析都扮演了重要的角色。现在的传统企业也慢慢意识到了数据驱动的重要性，大部分企业也都在学着用数据分析解决问题，或者提升业绩，这类公司在进行数字化转型。比如，银行行业的中国银联，交通行业的东方航空，通信行业的移动、联通、电信等都在通过数据进行探索。

现在的电商，纷纷要求数据驱动店铺，从数据中不断发现问题。作为一个网店卖家，需要随时监控全店各类数据，及时发现数据的异常，才能进一步对症下药。毕竟现在的电商，并不是通过一台计算机、一根网线就能赚钱。电商的运营，从选择行业、进货、货物上架、设定价格，到打造爆款、库存管理都是需要数据支持的，并不是全凭感觉就可以的。因此现在数据分析占据着重要的地位。《中国经济的数字化转型：人才与就业》一文中提到：目前我国大数据技术人才缺口超过150万；尤其是兼具技术能力与行业经验的复合型人才更加缺乏。

1.1 数据分析核心理论

在数据爆炸的时代，网络中的数据以及信息铺天盖地，这些信息的大量涌现，往往使得人们迷失其中无法找到方向。在大量的数据面前，运用数据分析，可以使得人们通过各种手段拨开重重迷雾，找出其中最有效的信息。在信息化时代，人人都可以是数据分析师。对于一家企业的发展，数据分析是数据和业务之间的桥梁。在生活中，数据分析可以帮助人们提升逻辑思维能力，科学处理问题。

那么什么是数据分析呢？数据分析是通过技术手段，对业务进行流程梳理、指标监控、问题诊断以及效果评估，它的目的是对过去发生的现象进行评估和分析，并在这个基础上对未来事物的发生和发展做出预期分析处理，以此指导未来的一些关键性决策。

随着数据量的不断增长，数据处理以及信息挖掘技术也在迅速发展，人们对于数据的处理也不仅仅是数据存储以及信息的简单探索，而是结合一些模型的应用进一步分析。虽然现在出现了大量数据分析技术，例如，Python、R 等编程语言以及 MySQL、Hadoop 等数据存储技术，但是 Excel 凭借其操作简单、灵活以及宽广的覆盖面，在数据分析中占据着一席之地。

1.2 数据分析流程

数据分析是一个从数据中通过分析手段发现业务价值的过程。进行数据分析，一般需要遵循严格的流程。数据分析流程可以概括为：数据理解、提取数据、数据清洗、数据分析、数据可视化、撰写报告。那么这些流程中，应该如何进行操作以及需要注意的内容是什么呢？

1. 数据理解

进行数据分析，首先是数据的理解。在数据分析中，数据不是简单的数字，如果只得到一串数字10、20、30、40，而没有其他信息，那么这几个数字就仅仅是数字而已，而不是数据。数据除了数字本身之外，还必须包含数字的来源、度量方式、单位、代表的业务场景。如果说这是四个城市的销量，那可以说这是一组有意义的数据了。同时，对于数据分析师来说，数据内容同样也不仅仅是数字，文本描述、图片链接、视频均可以表示数据。所以在开始之前，需要了解这些数据代表了什么含义，是销售额、销量还是利润。对于数据的理解，需要结合具体的业务场景。当了解了数据的含义之后，同时需要了解数据是在什么场景下获取的，比如在进行促销活动前的销售额与活动后的销售额。

2. 提取数据

在理解了数据的含义之后，接下来是提取数据。数据一般存放在公司的 ERP 或者数据库中。数据库中，可能包含了一亿条信息，那么这么多数据都要获取吗？如果全部获取，Excel 肯定无法保存。如果不想全部获取，具体需要什么数据，就需要衡量了，具体如何衡量呢？在这个阶段，需要确定一个分析目标，比如目标是北京市的销售额，那么，只需要提取北京市以及销售额，就可以完成分析。

确定好目标之后，对于数据的提取，一般包括两种方式：内部数据、外部获取。内部数据可以通过企业数据库提取，对于 Excel，同样提供了链接数据库的功能，只需要链接 Excel 以及 MySQL 就可以进行数据的提取。外部数据可以通过公开数据集和爬取网络数据实现，而对于公开数据集，Excel 同时也提供了相应的自网站进行数据提取的方式。

3. 数据清洗

提取出数据以后，得到的数据往往不规整，所以需要对数据进行清洗与加工。一般将记录不规范、格式错误、含义不明确以及重复记录的数据称为脏数据。在数据分析之前，对这些脏数据的处理，将是最重要的操作，如果不处理这些脏数据，它将会对后期的数据汇总、统计以及分析造成影响。

1）记录不规范的数据，比如当收集员工性别时，用户 A 输入的是"男"，用户 B 输入的是"男性"，用户 C 输入的是"m"，用户 D 输入的是"1"。造成这种问题的原因是没有为数据设置统一的格式。

2）格式错误的数据，比如统计员工的出生日期时，需要用户输入日期类型的信息。用户 A 输入的是"2000 年 1 月 1 日"，用户 B 输入的是"2000.01.01"，用户 C 输入的是"2000/01/01"，用户 D 输入的是"2000-1-1"。在 Excel 中对于非日期格式的数据，没办法进行日期类型数据的计算，因此应该在数据收集时设置数据验证规则。

3）含义不明确的数据。当收集信息之后，可能会出现一些没有标明具体含义的数据，此时应该明确数据含义，之后再进一步进行分析。

4）重复记录。对于重复记录，需要进一步判断。相同的订单，可能购买的商品相同，但是订单日期不同，此时存储为两个记录，因此在获取数据之前，需要对数据进行唯一性标识。对于相同的数据，可以进行删除，避免数据的重复记录造成信息统计的失误。

接下来需要按照需求处理数据，比如得到了省份信息，内容为"北京市-朝阳区"，如果需要计算北京市的销售额，此时需要对数据进行进一步的处理，才能得到所需的信息。

对于数据的处理，Excel 提供了丰富的功能，本书将在第 3、4 章进行讲解。

4. 数据分析

清洗完成后，接下来进行数据分析。可以观测数据的同比、环比的趋势上的变化，或者是对指标在不同维度上进行拆分，以观察维度对指标变化的影响。在这一阶段，需要设置分析方案，明确分析需求，以及构思如何实现分析目标，通过结合分析方法进行分析，比如用户分析中经常用的 RFM 模型；行业分析中经常用的矩阵分析法以及对比分析法。掌握这些分析模型，会使得结果得到进一步的探索。

5. 数据可视化

数据分析完成后，接下来是数据可视化。数据可视化对数据分析起到了交流的作用。因为在数据分析提取到信息后，如何确保这些信息能够充分表达出来，是个重要问题。仅仅汇总出图形，得到的信息还不充分，此时可以通过图形的波动来进行展示，可以使得观看者的印象更加深刻。比如企业在做路演时，要向天使人投资人展示自己公司的经营情况，就要通过数据可视化让投资人快速了解到自己公司的经营状况、未来的发展趋势，以此才能获得风险投资。数据可视化的优势就是它更容易让人记住结果，可以多维度展示数据，让人们在一堆数据中找到规律。数据可视化对于数据分析师来说是呈现结果、展示信息、提出问题最好的方式，而可视化就是通过绘制柱形图、折线图、饼图等图表，将分析的结果充分地展示出来。Excel 中包含了大量的图表来进行展示。

6. 撰写报告

数据分析的最后一步就是撰写报告。无论是进行行业研究，还是进行公司经营状况的分析，甚至进行周报分析，都需要通过分析得到一些结论，对于这些结论的总结，最好的方式是通过报告的形式进行展示。对于报告，可以通过 Excel 进行制作，可以通过 Word 形式进行体现，同时还可以通过 PPT 来进行展示。

分析报告的输出是整个分析过程的成果，是评定一个活动、一个运营事件的定性结论，很可能是用户决策的参考依据，所以报告一定要突出重点。一份好的分析，要有坚实的基础，并且层次明了，才能让读者一目了然，架构清晰、主次分明才能让读者容易读懂，而且数据分析报告尽量图表化，用图表来代替大量的数字有助于人们更加深入、更加直观地了解报告展示的结论。

1.3　Excel 在数据分析中的地位

Excel 对于数据分析师来说具有哪些优点呢？

1）可以用来记录数据和管理数据。在 Excel 中，一个工作簿中可以创建多个表格，而表格又可以存放大量的数据，当需要存储数据时，Excel 是最原始、最简洁的用来存放数据的地方。

2）操作简单、直观，对于初学者来说非常容易入门。对于数据分析师来说，Excel 不用编写程序代码，界面简单、直观，而且所有的功能基本上都能在功能区找到对应的操作，学习起来简单无压力。

3）功能丰富而且贯穿在数据分析的每一个阶段。它具有强大的函数计算功能，内部函数包括数学函数、统计函数、工程函数、逻辑函数等。它支持公式的编辑、复制与粘贴，可以对数据进行修改、插入、删除等操作。它具有丰富多彩的图表展示能力，这些图表是进行可视化展示所需要的内容，能够提升业务审美、问题挖掘、逻辑思维能力。

在数据分析中，可以用到的工具多种多样，比如 Excel、Python、SPSS 以及 R 语言，但是 Excel 最容易入门，它不需要学习编程，软件安装也比较简单，因而是数据分析中最基础、应用最广泛的工具。其实，Excel 占据着数据分析工具的半壁江山，数据处理基本技巧可以用在数据清洗阶段，为数据的分析提供了坚实的基础；函数以及数据透视表，可以用在数据分析阶段；而 Excel 中丰富的图表则可以用在数据可视化阶段。所以，完全可以通过 Excel 一个软件来直接进行数据分析。

第 2 章

初识 Excel

　　数据分析师在分析之前，首先要获取数据，得到了数据，才能进行下一步的分析。而数据经常会被存放在一个一个的表格中，所以表格是数据存储、数据记录、数据管理、数据分析的基本工具，Excel 与 WPS 都提供了相应的表格功能。

　　人们常用的 Excel，是 Office 的产品，它是由微软公司在 1985 年发布的。经过了不断更新，功能越来越强大，所以读者需尽量安装较新的版本。WPS 是由金山软件于 1988 年发布的，是国内自主研发的一套办公软件。两个产品都非常成熟，功能非常强大、操作方法十分相似。本书主要是基于 Office 2016 版本进行操作。

2.1　Excel 界面介绍

　　学习一门软件之前，首先需要熟悉其工作界面以及文件创建过程。当安装好 Excel 之后，单击图标，此时便创建好了一个 Excel 文件，这个文件称为工作簿，如图 2-1 所示。

名称	修改日期	类型	大小
新建 Microsoft Excel 工作表.xlsx	2021/3/31 16:09	Microsoft Excel ...	7 KB

●图 2-1　Excel 创建文件

　　此时文件名称为"新建 Microsoft Excel 工作表"，工作表扩展名为".xlsx"。Excel 文件的扩展名，主要有两种："xlsx"与"xls"。这两种文件格式不同。".xls"是一个特有的二进制格式，其核心结构是复合文档类型，是 Excel 2003 及以前版本生成的文件格式，文件支持的最大行数是 65536 行，最大列数是 256 列；而".xlsx"的核心结构是 XML 类型，采用的是基于 XML 的压缩方式，使其占用的空间更小，是 Excel 2007 及以后版本生成的文件格式，其支持的最大行数是 1048576 行，最大列数是 16384 列。

　　当创建好一个 Excel 文件，即工作簿后，双击工作簿，工作簿就被打开了。这个界面是打开所有工作表均可以看到的界面。Excel 界面中，每一部分都有自己的功能，比如数据格式的设置、图表的绘制、数据的编辑、公式的运用等，可以将各个功能组合起来共同实现数据分析的每一个阶段。Excel 工作表界面的布局如图 2-2 所示。

　　处于页面顶端的是快速访问工具栏，它存放了这个工作簿最常用的"命令"。默认情况下是"保存""撤销"和"恢复"三条命令。当编辑完 Excel 后，可以单击"保存"按钮进行整个工作簿的保存。如果需要取消修改，可以单击"撤销"按钮。如果需要恢复现状，可以单击"恢复"按钮。

　　处于页面顶端中间的内容是工作簿的名称。当编辑完内容后，可以给工作簿命名，以方便后续的查看。工作簿的名称一般与工作表的内容相结合，如果不对工作簿的名称进行修改，当想要进行下次修改时，可能会无法查找到对应的工作簿。

　　处于工作簿名称下面的是 Excel 的功能区，有"文件""开始""插入""页面布局""公式""数据"等选项卡。对于数据分析师来说其中最常用的是"开始""插入""公式"以及"数据"这四个选项卡。"开始"选项卡主要包含一些常用的命令，如剪贴板、字体、

●图 2-2　工作表界面布局

对齐方式、数字、样式、单元格和编辑等，字体和段落的格式化、表格和单元格的样式、单元格行列的基本操作等都可以在这个选项卡下找到对应的功能按钮或菜单命令；"插入"选项卡主要包含插入 Excel 对象的操作，如在 Excel 中插入透视表、图表、迷你图等，数据分析中经常用到的可视化以及透视表的制作，都将在这里进行。"公式"选项卡主要包含函数、公式等计算功能，如文本函数、日期函数以及查找与引用函数等；"数据"选项卡主要包含数据的处理和分析功能，如获取外部数据、数据的排序和筛选、数据的验证等。处于功能区下方的是工作区，它是存放数据的位置，主要由一块一块的格子组成，这就是 Excel 的单元格。

在一个工作簿中，可以创建多个工作表。对于 Excel 2003 或以下版本，最多只能创建 255 个工作表，但是 2003 以上版本，工作表的个数仅受可用内存的限制，也就是说如果计算机的内存足够大，一个工作簿中可以有无数个工作表，在工作表中，又有很多单元格。

2.2　工作表的基本操作

当创建好工作簿之后，打开工作簿，Excel 会默认创建好一个工作表，工作表的名称为"Sheet1"，此时可以对工作表进行重命名。在工作表标签也就是"Sheet1"处双击，就可以对工作表的名称进行修改。同时也可以创建多个工作表。在工作表区域的下方，单击图标"+"，就可以创建一个新的工作表，每创建一个工作表，工作表的序号加 1，所以当创建第二个工作表时，名称为"Sheet2"。创建新的工作表的方式如图 2-3 所示。

●图 2-3　创建表

当创建好工作表后，可以在每一个创建好的工作
表中进行数据的存储。如果产生了不需要的表格，也
可以将其删除。比如现在需要删除"Sheet2"，可以在
工作表的下方右击工作表名称"Sheet2"，此时弹出快
捷菜单。在这个快捷菜单中，可以插入新的表，可以
删除当前表，可以对表进行重命名，同时也可以隐藏
表。当需要删除工作表时，选择"删除"选项即可，
如图 2-4 所示。

●图 2-4　表编辑界面

2.2.1　工作表标签颜色设置

当工作簿中包含了多个工作表时，可以对创建好的工作表标签标注颜色，比如创建了
一个工作簿用来存储各个门店的销售记录，此时可以通过标注不同的标签颜色来对这些表
进行区分。通过视觉的冲击性，为各个表进行重点标注。那么如何为不同的工作表标签标
注颜色呢？

步骤：右击工作表的标签，在弹出的快捷菜单中选择"工作表标签颜色"选项，从其
中选择一个颜色即可。如图 2-5 所示。

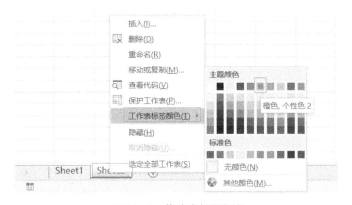

●图 2-5　修改表标签颜色

通过上述操作，可以将工作表标签按颜色区分开，可以展示工作表的重要层次。

2.2.2　工作表的隐藏和取消隐藏

在进行数据修改与编辑时，一般情况下很少会删除源数据所在的 Excel 工作表，删除工
作表后，往往没有办法对其进行恢复，因此删除操作往往是比较谨慎的。通常的操作办法
就是将暂时不用的 Excel 工作表隐藏起来，这样的操作相当于删除了无用的 Excel 工作
表，被隐藏的 Excel 工作表中的数据不参与计算，同时保证了整个工作簿的美观。那么如
何隐藏工作表呢？隐藏单个工作表，只需右击需要隐藏的工作表标签，然后在弹出的快
捷菜单中选择"隐藏"选项即可。同时，当工作表中出现被隐藏的工作表时，此时右击

任意某一工作表,"取消隐藏"选项便会出现,如图 2-6 所示。此时选择"取消隐藏"选项,之前隐藏的表格就会出现。

那么如何对工作表进行批量隐藏呢?首先长按键盘上的〈Ctrl〉键,然后单击需要隐藏的多个工作表标签,选择完毕,右击,单击菜单中的"隐藏"选项即可。因此如果需要选择多个工作表,可以按住键盘的〈Ctrl〉键,进行工作表的选择。Excel 中除了〈Ctrl〉键,还有各种各样的快捷键,比如〈Shift〉键可以用来

●图 2-6　隐藏与取消隐藏

选择连续表格,各种快捷键均有各自的功能,文章后续会展示一些快捷键的功能。

2.2.3　工作表的移动或复制

工作中经常需要对已经存在的工作表进行复制或者移动。当需要进行信息汇总时,可以通过复制功能实现表跨工作簿移动或者复制,但是需要保证两个相互操作的工作表同时打开。

比如现在存在一个工作簿,存放的是关于员工信息的内容,需要将"C 店员工信息"工作表移动到"员工信息总表"工作簿的最后,如图 2-7 所示,左表为"员工信息表",右表为"员工信息总表",如何进行操作呢?

●图 2-7　员工信息表与员工信息总表展示

1)打开员工信息表,右击"C 店员工信息"标签,在弹出的快捷菜单中选择"移动或复制"。此时出现"移动或复制工作表"对话框,如图 2-8 所示。在此对话框中,工作簿默认选择为"员工信息表 .xlsx",如果需要移动至其余工作簿,单击下拉按钮进行选择即可。当对工作表进行移动时,如果需要对原来的工作表进行保留,可勾选"建立副本"。

2)在下拉菜单中选择"员工信息总表 .xlsx",勾选"建立副本",单击"确定"按钮,如图 2-9 所示。

此时在员工信息总表中,"C 店员工信息"表就已经存在了,结果如图 2-10 所示。

● 图 2-8　移动表或复制工作表对话框

● 图 2-9　复制表

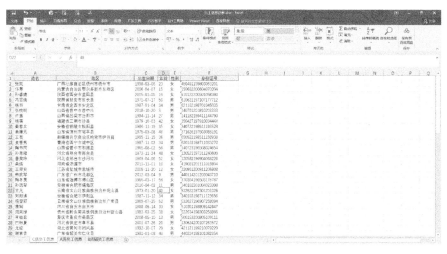

● 图 2-10　复制表结果展示

2.3　单元格的基本操作

在 Excel 中，当打开界面时，出现在眼前的一个一个的格子称为单元格。单元格由行标和列标组成。单击 Excel 的第一个单元格，可以在名称区看到单元格的名称 A1，表示的就是第一行第一列的单元格。在单元格名字中，行标为数字，数值大小从 1 开始逐渐增加；列标是英文字母，从 A 开始增加。

2.3.1　单元格名称与编辑

单元格中每个单元格都有自己的名称，比如 B2 单元格，表示第二行第二列单元格的内容。但是也可以为单元格进行重新命名。

【案例 2-1】　单元格名称重命名。

现在 A1 单元格至 B11 单元格内容为员工的身份证号，如何为这一块区域内容进行重新命名？

1）选择 A1 单元格至 B11 单元格，在名称编辑栏输入"员工信息"，单击〈Enter〉键。此时在名称区就出现了"员工信息"名称，如图 2-11 所示。

2）当单独单击其中的单元格时名称不变。当选定定义区域时，在名称框中会自动显示之前定义的名称"员工信息"。

3）选择 D1 单元格至 E11 单元格，输入公式"=员工信息"，按快捷键〈Ctrl+Shift+Enter〉，此时在单元格中就出现了员工信息的内容，如图 2-12 所示。

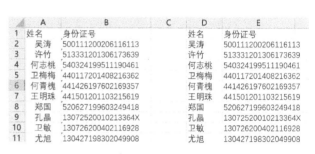

●图 2-11　单元格名称重命名　　　　　　　　●图 2-12　名称结果展示

单元格名称重命名对日常工作产生了哪些便利呢？当需要快速引用这部分区域时，只需要输入单元格名称即可，而不需要重新选择区域，减少了多层次函数嵌套带来的出错可能。

对于单元格来说，除了重新定义名称，还可以进行各种操作，日常工作中，也是通过对这些单元格的处理，来进行数据的输入、删除、合并与拆分的。在 Excel 中，经常会存储大批量的数据，对于大批量的数据，如何快速选择数据表中单元格的区域呢？可以使用快捷键。Excel 提供了各式各样的快捷键来选择区域，具体方法见表 2-1。

表 2-1　表区域快捷键

快　捷　键	含　义
Ctrl	同时选中多个非连续的单元格区域
Shift	选取第一个单元格，按住〈Shift〉键，再选取第二个单元格，结果为两次选取的单元格之间的矩形区域
Ctrl+Shift+→	选择一行数据
Ctrl+Shift+↓	选择一列数据
Ctrl+A	选择全部数据

2.3.2　单元格的合并与拆分

在工作中，经常需要对单元格进行合并，使得数据变得更加有条理。那么如何对单元格进行合并呢？Excel 提供了三种合并方式：合并后居中、跨越合并以及合并单元格。

1）合并后居中：完成所选区域合并，但是只保留左上角单元格的内容，并进行居中操作。

2）跨越合并：所选区域每行合并，且仅会保留每一行左上角单元格的内容。

3）合并单元格：仅合并单元格，不进行居中处理。

【案例 2-2】合并与快速拆分。

表 2-2 为各个部门的员工能力详情表，部门列信息被合并，如何实现合并单元格的快速拆分并填充？

表 2-2　员工能力详情表

部　门	姓　名	专业知识	协调能力	沟通能力	执行能力	总　分
财务部	杨燕	77	89	64	55	285
	曹书同	100	86	94	70	350
行政部	秦桂花	75	86	52	52	265
	韩娟	94	68	95	56	313
数据部	孔凡	85	61	68	56	270
	朱昌玉	73	67	59	94	293
	何太红	50	79	100	80	309
	卫朱婷	63	76	87	95	321
销售部	戚妍	70	64	74	74	282
	孙名媛	50	70	96	70	286
	郑仪	87	73	97	58	315
研发部	李绮菱	76	85	85	76	322
	万枝	98	88	72	81	339

1）选择部门列的内容，单击“合并后居中”下的“取消单元格合并”。此时在“部门”列就会将数据全部拆分开，如图 2-13 所示。

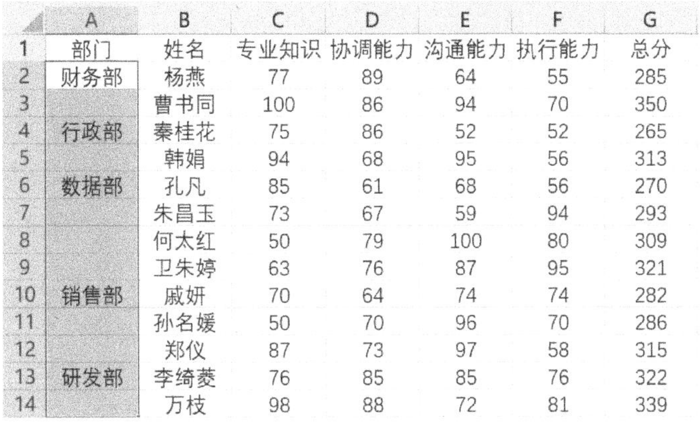

	A	B	C	D	E	F	G
1	部门	姓名	专业知识	协调能力	沟通能力	执行能力	总分
2	财务部	杨燕	77	89	64	55	285
3		曹书同	100	86	94	70	350
4	行政部	秦桂花	75	86	52	52	265
5		韩娟	94	68	95	56	313
6	数据部	孔凡	85	61	68	56	270
7		朱昌玉	73	67	59	94	293
8		何太红	50	79	100	80	309
9		卫朱婷	63	76	87	95	321
10	销售部	戚妍	70	64	74	74	282
11		孙名媛	50	70	96	70	286
12		郑仪	87	73	97	58	315
13	研发部	李绮菱	76	85	85	76	322
14		万枝	98	88	72	81	339

图 2-13　取消单元格合并

2）按快捷键〈Ctrl+G〉，打开定位功能。在定位条件中选择“空值”。“定位”设置如图 2-14 所示。

3）在编辑栏中输入公式“=A2”。按快捷键〈Ctrl+Enter〉。此时合并的单元格就进行了快速填充，填充结果如图 2-15 所示。

●图 2-14　定位条件设置

	A	B	C	D	E	F	G
1	部门	姓名	专业知识	协调能力	沟通能力	执行能力	总分
2	财务部	杨燕	77	89	64	55	285
3	财务部	曹书同	100	86	94	70	350
4	行政部	秦桂花	75	86	52	52	265
5	行政部	韩娟	94	68	95	56	313
6	数据部	孔凡	85	61	68	56	270
7	数据部	朱昌玉	73	67	59	94	293
8	数据部	何太红	50	79	100	80	309
9	数据部	卫朱婷	63	76	87	95	321
10	销售部	戚妍	70	64	74	74	282
11	销售部	孙名媛	50	70	96	70	286
12	销售部	郑仪	87	73	97	58	315
13	研发部	李绮菱	76	85	85	76	322
14	研发部	万枝	98	88	72	81	339

●图 2-15　填充结果

第 3 章

数据处理基本技巧

　　了解了 Excel 的产品以及工作界面后，接下来就是存放数据。Excel 的数据类型有哪些？这些数据类型之间有什么区别？输入数据时，除了手动输入数据，外部的数据如何快速导入？手动输入数据时，如何对填写的内容设置规则？规则设置完成后，如何对数据填写信息给予提示？手机号、身份证号这些特殊编码应该如何输入？本章根据这些问题，结合丰富的案例以及高效的数据处理办法，帮助人们高效地输入数据。

3.1　数据的输入及其数据类型

　　在学习一门工具之前，都要了解它是如何存放数据的，以及导入新数据后，对原始的数据有没有破坏。比如轮胎，在将轮胎安装到车上前，首先要确认这个轮胎是什么轮胎，是自行车轮胎，还是摩托车轮胎。数据类型又称为数据形态，不同的数据类型具有不同的表示方法、数据结构和取值范围等。

　　获取一份数据后，有的单元格存放着数字，有的单元格存放着文字，有的单元格存放着日期，还有的单元格存放着百分数，对于不同的内容，希望它们能按照不同的方式进行展示或者计算，对于这个需求，需要使用不同的数据类型，所以应该了解 Excel 中包含了哪些数据类型。

3.1.1　了解数据类型

　　Excel 数据类型包括文本类型、数值类型、逻辑类型三种，这三种数据类型具有怎样的区别，又各自具有怎样的使用场景呢？

1. 文本类型

　　文本类型就是平常所输入的汉字、空格、英文字母。需要说明的是，阿拉伯数字也可以作为文本类型数据。例如，在 Excel 单元格中输入"12 个苹果"，阿拉伯数字 12 会被当作文本处理。每个单元格最多可容纳 32000 个字符，当输入的字符串超出了当前单元格的宽度时，如果右边相邻单元格中没有数据，那么字符串会往右延伸；如果右边单元格中有数据，超出的那部分数据就会隐藏起来。

2. 数值类型

　　数值类型的数据比如平常用到的日期、时间、百分数、会计、科学计数、自定义等。数值是表示某种类别的数量，比如销量、销售额、利润等。数值特性可用来进行数学计算，如进行加、减、乘、除等计算。

3. 逻辑类型

　　逻辑值是判断某个逻辑表达式是真还是假的结果。Excel 中逻辑类型的数据只有两个值，那就是 TRUE 和 FALSE。当 TRUE 和 FALSE 参与运算时，TRUE = 1，FALSE = 0。成立的时候逻辑值为真，使用 TRUE、1 或非 0 数字表示；不成立时逻辑值为假，使用 FALSE 或 0 表示。

3.1.2　输入文本、数字和逻辑值

Excel 包含了三种数据类型，如何快速识别这三种数据类型呢？当未设置对齐方式以及为常规格式时，文本类型默认为左对齐；数值类型默认为右对齐；逻辑类型默认为居中对齐。图 3-1 中，第一列数据为文本类型，数据为左对齐；第二列数据为数值类型，数据为右对齐；第三列数据为逻辑类型，数据为居中对齐。

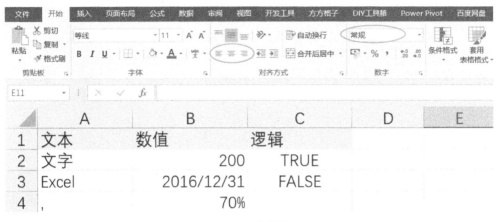

●图 3-1　数据类型

在 Excel 中，还存在一种特殊的数据类型：文本型数字，这样的数据一般不参与 SUM 等函数运算。图 3-2 中，文本数字 1 和文本数字 2 的求和结果为 0。

那么这样的数据具有怎样的作用呢？文本类型数字表示一个事物的名称、编号与代码，不能进行数学运算，如对手机号码进行求均值，对身份证号进行求和是没有意义的。但是可以用来对数据进行特殊的标记，比如身份证号、工号、产品编码等信息。

对于逻辑类型的数据，当 TRUE 和 FALSE 参与算术运算时，TRUE = 1，FALSE = 0。图 3-3 中，TRUE 与 TRUE 运算的结果为 2；TRUE 和 FALSE 运算的结果为 1；FALSE 和 FALSE 运算的结果为 0。

	A	B	C
7	文本型数字1	文本型数字2	运算
8	1	2	0
9			#DIV/0!
10			0

●图 3-2　文本型数字

	A	B	C
13	逻辑值	逻辑值	运算
14	TRUE	TRUE	2
15	FALSE	TRUE	1
16	FALSE	FALSE	0
17	TRUE	FALSE	1

●图 3-3　逻辑型数据参与运算

3.1.3　输入日期和时间

在 Excel 中，日期和时间本质是数值序列，即日期和时间是以一种特殊的数值形式存储在单元格中的。Excel 软件开发者这样设计的目的是让日期和时间可以像普通数值一样计

算。在 Excel 中日期默认从 1900 年 1 月 1 日开始作为日期序列的起始值，所以 1 表示 1900 年 1 月 1 日，每增加 1 天，数值增加 1，所以 1900 年 1 月 2 日代表的值为 2。以此类推，当到 2021 年 3 月 18 日时，代表的数字为 44273，如图 3-4 所示。

同样，时间也可以通过数字进行表示，通过日期的表达可知，1 代表 1 天，而 1 天有 24 小时，所以 12:00:00 代表的数字为 0.5，1:00:00 代表的数字为 0.041665，如图 3-5 所示。

	A	B
22	数值格式	日期格式
23	1	1900/1/1
24	2	1900/1/2
25	3	1900/1/3
26	4	1900/1/4
27	44273	2021/3/18

●图 3-4　日期型数据结果展示

	A	B
31	常规形式	规范形式
32	0	0:00:00
33	0.041665	1:00:00
34	0.5	12:00:00
35	1	0:00:00

●图 3-5　时间型数据结果展示

3.1.4　自定义数据类型

在改变单元格值的情况下，不同数据类型之间是可以转化的。相互转化的目的是更加充分地展示数据所代表的含义。如表 3-1 中的数据有数量、单价以及总价，如果需要在数量后面添加一个量词"个"，在单价前面添加货币符号"￥"，在总价后面添加"元"，该如何操作呢？

表 3-1　商品销售数据

商品名称	数　量	单　价	总　价
苹果	5	6	30
香蕉	4	9.5	38
葡萄	3	2.99	8.97
火龙果	6	3	18
芒果	9	7	63

【案例 3-1】自定义数据类型。

1）为数量添加量词"个"。选择"数量"下的数据，右击鼠标，在弹出的快捷菜单中选择"设置单元格格式"选项，选择"自定义"，修改为"0个"即可，如图 3-6 所示。

2）为单价添加货币符号"￥"，选择"单价"下的数据，右击鼠标，在弹出的快捷菜单中选择"设置单元格格式"选项，选择"货币"，选择对应的符号即可，如图 3-7 所示。

3）为"总价"添加单位"元"，选择"总价"下的数据，右击鼠标，在弹出的快捷菜单中选择"设置单元格格式"选项，选择"自定义"，输入"#元"，如图 3-8 所示。

设置单元格格式
数字 对齐 字体 边框 填充 保护
分类(C):
常规
数值
货币
会计专用
日期
时间
百分比
分数
科学记数
文本
特殊
自定义
示例
5个
类型(T):
0个
G/通用格式
0
0.00
#,##0
#,##0.00
#,##0;-#,##0
#,##0;[红色]-#,##0
删除(D)
以现有格式为基础，生成自定义的数字格式。
确定
取消

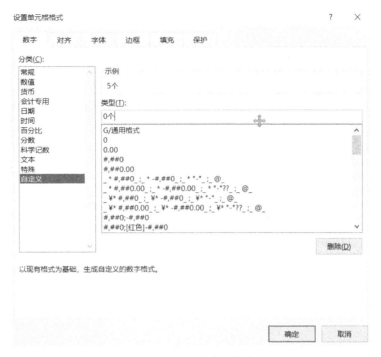

●图 3-6 数量类型修改

设置单元格格式
数字 对齐 字体 边框 填充 保护
分类(C):
常规
数值
货币
会计专用
日期
时间
百分比
分数
科学记数
文本
特殊
自定义
示例
¥6.00
小数位数(D): 2
货币符号(国家/地区)(S): ¥
负数(N):
(¥1,234.10)
(¥1,234.10)
¥1,234.10
¥-1,234.10
¥-1,234.10
货币格式用于表示一般货币数值。会计格式可以对一列数值进行小数点对齐。
确定
取消

●图 3-7 单价样式修改

通过上述操作，即可完成数据类型的修改，得到如图 3-9 所示的结果。在图 3-9 中，每一列数据都包含了相应的计量单位，比原始数据表现的信息更丰富。

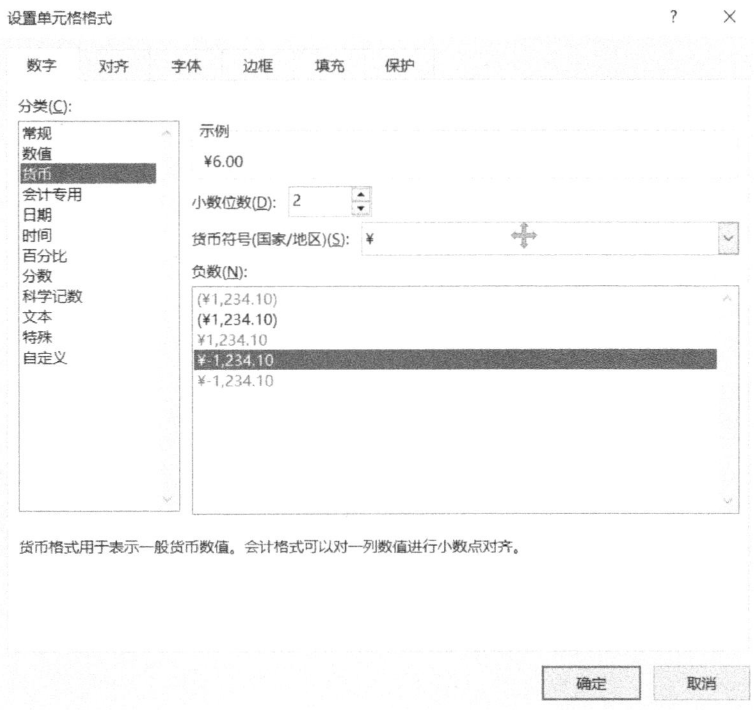

● 图 3-8　总价样式修改

	A	B	C	D
37	商品名称	数量	单价	总价
38	苹果	5个	¥6.00	30元
39	香蕉	4个	¥9.50	38元
40	葡萄	3个	¥2.99	9元
41	火龙果	6个	¥3.00	18元
42	芒果	9个	¥7.00	63元

● 图 3-9　自定义类型结果展示

3.2　导入外部数据

　　俗话说，巧妇难为无米之炊。在进行数据的统计、汇总、分析之前，首先要获取数据。对于数据的获取，数据量小时，可以进行手动输入；当数据量大时，再进行手动输入，工作量就非常大了。而且有时还需要从其他类型的文件中导入所需要的数据。那么，应该如何解决这一问题呢？

　　Excel 提供了获取外部数据的功能，不仅可以导入本机中其他形式的文件，如 csv 文件或者 txt 文件，还可以从数据库中导入需要的数据，甚至还可以从网络中导入数据。

　　在外部数据文件中，可能这些文件的数据量比较大，如果把所有原始的数据全部加载到 Excel，不但数据可能无法完整存储，而且会导致 Excel 运行非常缓慢。如何利用 Excel 获取外部数据，而且只存储人们需要的信息，是在获取数据时，需要考虑的。

　　那么 Excel 提供的导入功能在哪里呢？

　　"数据"选项卡下有"获取外部数据"功能组，主要有如下几种方式。

- 自 Access。
- 自网站。
- 自文本。
- 自其他来源。

其中 Access 为数据库，数据经常存放在数据库中，在导入类型文件之前，需要先把此数据库中的数据以文件方式导出，放置于文件中。主要的文件格式为"＊.mdb""＊.mde""＊.accdb"以及"＊.accde"。在数据获取中，此方法不常用到。获取外部数据位置如图 3-10 所示。

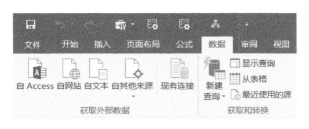

●图 3-10　获取外部数据位置

3.2.1　自文本导入数据

企业中的数据，经常会被存放在企业的 ERP 或者数据库中，当存放在 ERP 中时，获取数据经常会下载文本文件，比如 csv 文件或者 txt 文件，此时就可以采用自文本导入数据。在这些文本文件导入进来时，单元格格式以及数据类型经常会不满足需求，此时，就需要对数字类型进行修改。在这些文本文件中，有的数据是以符号（如逗号、Tab、分号）进行分隔，有的是直接将数据展示在其中，所以 Excel 提供了两种方式的导入。

【案例 3-2】导入文本文件数据。

以符号进行分隔的文件，"Tab.txt"中的内容如图 3-11 所示，此文件用〈Tab〉键进行各列的分隔。

```
Tab.txt - 记事本
文件(F) 编辑(E) 格式(O) 查看(V) 帮助(H)
销售日期    订单编号  地区  城市  产品名称  单价   数量  金额    销售人员
2014/01/01  10313    华南  桂林  圆珠笔    3     36    108     胡巴
2014/01/03  10294    华中  武汉  铅笔      2     51    102     王五
2014/01/13  10284    西北  西安  柜子      103   70    7210    胡巴
2014/01/18  10336    东北  长春  冰箱      988   84    82992   胡巴
2014/01/28  10314    华南  桂林  本子      7     89    623     张三
2014/01/29  10141    华东  南京  收音机    99    4     396     李四
2014/01/30  10116    华北  大连  面包机    256   76    19456   王五
2014/01/30  10323    华南  桂林  电脑      2530  90    227700  王五
2014/02/17  10252    西北  西安  柜子      103   65    6695    钱七
2014/02/17  10268    西北  西安  柜子      103   38    3914    王五
2014/03/02  10258    西北  西安  热水器    699   15    10485   胡巴
```

●图 3-11　分隔符分隔的 txt 文档数据

固定宽度的文本文件中，存储的内容如图 3-12 所示。此文件内容的特别之处在于，数据每列宽度一致，包含了一定的规律。

1. 导入以符号进行分隔的文件

1）打开 Excel 文件，创建一个新的工作表，选择"数据"选项卡，单击"获取外部数据"功能组中的"自文本"按钮，弹出"导入文本文件"对话框，找到所要导入的文本文件（Tab.txt）所在位置，单击"导入"按钮。出现"文本导入向导"对话框，操作界面如

图 3-13 所示。

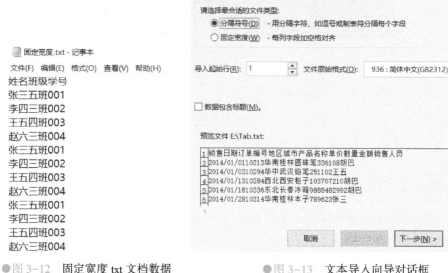

●图 3-12　固定宽度 txt 文档数据　　　　●图 3-13　文本导入向导对话框

2）选择"分隔符号"，勾选"数据包含标题"。这一步主要是确定采用何种方式导入数据，如果数据是固定宽度数据，选择"固定宽度"，如果数据宽度不一致，观察源 txt 文件，找出其中的符号。本 txt 文件主要采用符号进行分隔，因而选择"分隔符号"，如图 3-14 所示。单击"下一步"按钮。

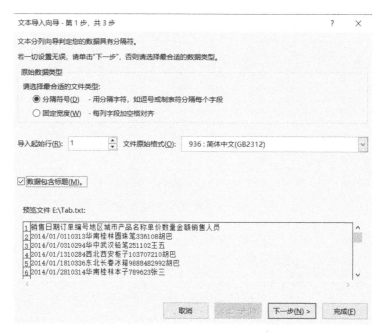

●图 3-14　文本导入步骤一

3）进入"文本导入向导-第 2 步，共 3 步"，选择"Tab 键"，此时在数据预览区，直接将数据进行了分隔，如图 3-15 所示。单击"下一步"按钮。

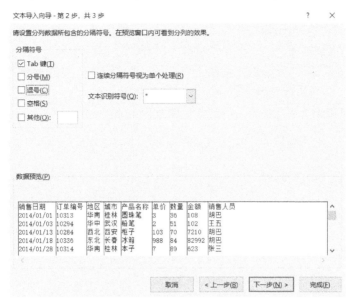

● 图 3-15　文本导入步骤二

4）进入"文本导入向导-第 3 步，共 3 步"，在这一步，主要设置每一列数据的数据格式以及数据是否被需要。此时的数据展示均为"常规"，可以将日期类型数据改为"日期"，将文本类型数据改为"文本"。选择"销售日期"列，在"列数据格式"列选择"日期：YMD"；选择"订单编号"列，在"列数据格式"列选择"文本"；选择"销售人员"列，在"列数据格式"区选择"不导入此列（跳过）"，如图 3-16 所示。单击"完成"按钮。

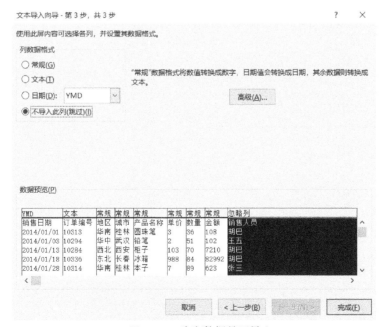

● 图 3-16　确定数据是否导入

5）出现"导入数据"对话框。在这一步主要设置数据的存放位置以及数据在工作簿中的显示方式。在"数据的放置位置"处，"现有工作表"为数据存放在目前工作簿存在的工作表中。"新工作表"为将数据放置在新工作表中。当勾选"将此数据添加到数据模型"时，"请选择该数据在工作簿中的显示方式"区域便可以进行选择。可以将导入的数据显示为"表""数据透视表""数据透视图"以及"仅创建连接"。

现选择"现有表格"，将数据放置在工作表的 A1 单元格。勾选"将此数据添加到数据模型"，选择"表"，单击"确定"按钮，如图 3-17 所示。

此时数据就可以导入 Excel 了，得到的结果如图 3-18 所示。

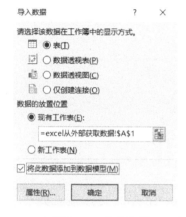

●图 3-17　存放位置

	A	B	C	D	E	F	G	H
1	销售日期	订单编号	地区	城市	产品名称	单价	数量	金额
2	2014/1/1	10313	华南	桂林	圆珠笔	3	36	108
3	2014/1/3	10294	华中	武汉	铅笔	2	51	102
4	2014/1/13	10284	西北	西安	柜子	103	70	7210
5	2014/1/18	10336	东北	长春	冰箱	988	84	82992
6	2014/1/28	10314	华南	桂林	本子	7	89	623
7	2014/1/29	10141	华东	南京	收音机	99	4	396
8	2014/1/30	10116	华北	大连	面包机	256	76	19456
9	2014/1/30	10323	华南	桂林	电脑	2530	90	227700
10	2014/2/17	10252	西北	西安	柜子	103	65	6695
11	2014/2/17	10268	西北	西安	柜子	103	38	3914
12	2014/3/2	10258	西北	西安	热水器	699	15	10485

●图 3-18　数据导入结果

2. 导入固定宽度数据

1）创建一个新的工作表，选择"数据"选项卡，单击"获取外部数据"功能组中的"自文本"按钮，弹出"导入文本文件"对话框，找到所要导入的文本文件（固定宽度.txt）所在位置，单击"导入"按钮。出现"文本导入向导"对话框，选择"固定宽度"，勾选"数据包含标题"，如图 3-19 所示。单击"下一步"按钮。

●图 3-19　文本导入步骤一

2）对数据进行分列，建立分列线。分别在各列添加分列线，如图 3-20 所示，单击"下一步"按钮。

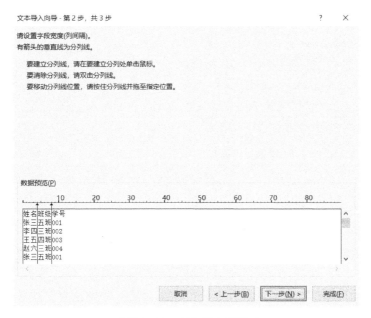

●图 3-20 文本导入步骤二

3）对数据进行格式设置以及数据列选择，由于每一列数据均需要而且数据均为常规，直接单击"完成"按钮即可，如图 3-21 所示。

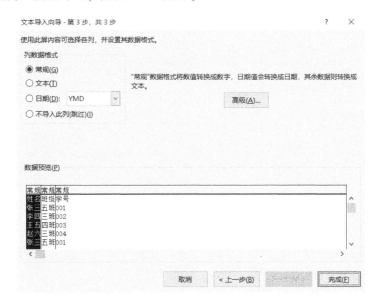

●图 3-21 数据格式设置

4）出现"导入数据"对话框，对数据位置进行选择。具体操作如图 3-22 所示，单击"确定"按钮即可。

通过上述操作，得到结果如图 3-23 所示。

● 图 3-22　导入位置确定　　　　　　● 图 3-23　结果展示

3.2.2　自网站导入数据

在进行行业调研时，经常需要从一些网站中获取数据，比如人口统计数据等。如何进行数据的导入呢？

例如，需要获取第四次全国经济普查公报（第七号）中的信息，这些数据是在国家统计局网站上，这时需要将网站上的这些数据导入 Excel 表格中进行统计分析。

【案例 3-3】自网站导入数据。

导入第四次全国经济普查公报（第七号）中的表格信息。

1）单击"数据"选项卡，单击"获取外部数据"功能中的"自网站"按钮。弹出"新建 Web 查询"对话框，如图 3-24 所示。

● 图 3-24　网站数据导入

2）在地址栏中输入网页链接 http://www.stats.gov.cn/tjsj/zxfb/201911/t20191119_1710340.html，单击"转到"按钮打开网页（如出现脚本错误等提示，全部单击"是"按钮），此时会在页面中出现相应链接的内容，如图 3-25 所示。

3）在新打开的页面中，找到需要的表格内容后，单击其左边的箭头。单击"导入"按钮，如图 3-26 所示。

4）设置数据存放的位置。将数据存放在对应表格的位置，如图 3-27 所示，单击"确定"按钮。

此时数据就会被导入 Excel 表格中，具体结果如图 3-28 所示。

● 图 3-25 输入网站

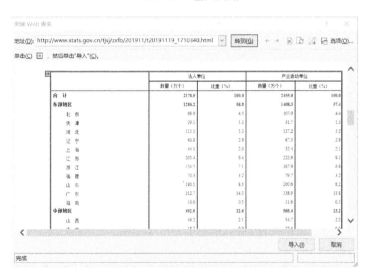

● 图 3-26 选择需要导入的内容

● 图 3-27 选择数据存放位置

	A	B	C	D	E
1		法人单位		产业活动单位	
2		数量（万个）	比重（%）	数量（万个）	比重（%）
3	合 计	2178.9	100	2455	100
4	东部地区	1280.2	58.8	1408.3	57.4
5	北 京	98.9	4.5	107.9	4.4
6	天 津	29.1	1.3	31.7	1.3
7	河 北	115.1	5.3	127.2	5.2
8	辽 宁	60	2.8	67.5	2.8
9	上 海	44.1	2	52.4	2.1
10	江 苏	205.4	9.4	222.9	9.1
11	浙 江	154.5	7.1	167.9	6.8
12	福 建	70.3	3.2	79.7	3.2
13	山 东	180.1	8.3	200.6	8.2
14	广 东	312.7	14.3	338.9	13.8
15	海 南	10	0.5	11.6	0.5

● 图 3-28 结果展示

3.3　利用数据验证制作员工基本信息表单

Excel中经常会遇到不规范的数据或者是错误数据，这些数据给后期的数据统计以及数据分析带来了很大的困难，为了避免这种情况出现，可以采用数据验证功能。数据验证，Excel 2013版本之前称为"数据有效性"。它能够建立特定的规则，限制单元格输入的内容。主要用于验证数据输入的准确性，当输入非法值或超范围的值时，能给出提示或者警告，从而规范了数据的输入，提高了数据统计以及分析效率。

Excel数据验证可以分为以下几种。

- 限制数据条件输入。
- 限制文本数据输入。
- 限制日期数据输入。
- 限制输入重复值。
- 限制序列条件。

【案例3-4】表格规范填写。

表3-2为员工基本信息表单，现需要对如下信息进行统计，要求规范表单填写内容。

表3-2　员工基本信息表单

姓　名	工　号	部　门	学　历	婚姻状况	身份证号	性　别	出生日期	年　龄	入职时间
卫朱婷									
蒋雪倩									
万枝									
李绮菱									
杨燕									
曹书同									
孔凡									
韩娟									
秦桂花									
孙名媛									
何太红									
郑仪									
戚妍									
朱昌玉									

3.3.1　限制数值条件输入

当进行数据统计需要填写的单元格比较多时，经常会出现数据填写错误或者数据错位的情况，此时就需要对数据进行验证。比如在统计学生成绩时，可以对学生的分数进行数据验证，限制数据范围为0~100；在统计员工销售额或者销量时，可以对数据进行范围的限制。现在为员工基本信息表中"年龄"设置条件限制。要求年龄范围为0~100。

1）选择"年龄"列单元格，选择"数据"选项卡，在"数据工具"功能组中单击"数据验证"下的下拉箭头，选择"数据验证"选项，出现"数据验证"对话框，如图3-29所示。

● 图 3-29　年龄列数据验证设置

2）在"设置"选项卡中，"验证条件"下"允许"处，单击"任何值"的下拉按钮，选择"整数"，在"最小值"中输入"0"，在"最大值"中输入"100"，单击"确定"按钮，如图3-30所示。

当在单元格中输入100以内的整数时，是允许被输入的，当输入大于100的整数或者负数时，将会出现"此值与此单元格定义的数据验证限制不匹配"，如图3-31所示。当出现此对话框时，员工填写的内容将不会被输入到单元格中，这就为"年龄"列设置了规则。

● 图 3-30　年龄列整数设置

3.3.2　限制文本数据输入

同样，Excel 也可以对输入的文本进行格式限制。例如，当输入身份证号时，经常会出现多一位、少一位的情况，那么身份证号的限制要如何设置呢？

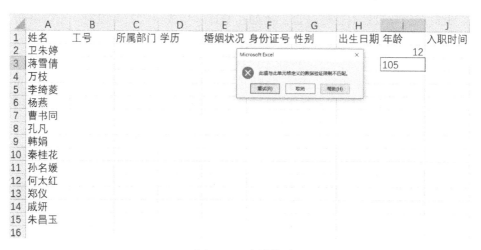

●图 3-31　出错提示

1）选择"身份证号"列单元格，打开"设置单元格格式"对话框，选择"文本"。

2）选择"数据"选项卡，在"数据工具"功能组中单击"数据验证"下的下拉按钮，选择"数据验证"选项，出现"数据验证"对话框。

3）在"允许"处选择"文本长度"，在"数据"处选择"等于"，在"长度"处输入"18"，单击"确定"按钮，如图 3-32 所示。

当在身份证列中输入不等于 18 位的数值时，将会弹出"此值与此单元格定义的数据验证限制不匹配"，如图 3-33 所示。此时就为"身份证号"列设置了规则，当员工输入的身份证号不足 18 位或者超过了 18 位，就不会被输入到单元格中。

●图 3-32　身份证号文本设置

●图 3-33　身份证号输入错误

3.3.3 限制日期数据输入

当在 Excel 中输入日期时，可以对日期列单元格设置相应的规则，使得这一列的数据仅可以输入固定范围或者固定时间的数据。比如在员工信息表中，需要填写入职时间，假设提前知道了这一批员工均为 2021 年以后入职，此时可以为入职时间添加数据验证。

1）选择"入职时间"，单击"数据"选项卡，在"数据工具"功能组中单击"数据验证"下的下拉按钮，选择"数据验证"选项，出现"数据验证"对话框。

2）在"允许"处选择"日期"，在"数据"处选择"大于"，在"开始日期"中输入"2021/1/1"，单击"确定"按钮，如图 3-34 所示。

此时便为"入职时间"添加了数据验证。需要注意，日期的规范录入是用横杠（2021-1-1）或斜杠隔开年、月、日（2021/1/1），如果格式输入错误，比如"2021.1.1"或者"20200101"等，也会出现错误提示。

● 图 3-34　入职时间数据验证

3.3.4 限制输入重复值

表格中难免会出现重复值，输入数据时如果输入了重复值，会影响效率。重复值有时还很难找。可以通过数据验证，进行格式设置，当输入重复数据时，无法输入。比如在统计员工信息时，一位员工有且只有一个工号，在填表时，为了避免不必要的麻烦，可以对工号进行单元格条件设置。

1）选择"工号"列，选择"数据"选项卡，在"数据工具"功能组中单击"数据验证"下的下拉按钮，选择"数据验证"选项，出现"数据验证"对话框。

2）在"设置"的"允许"中选择"自定义"，在"公式"中输入"= COUNTIF（\$B \$2：B2,B2）= 1"，单击"确定"按钮，如图 3-35 所示。

此时，可以在表单中填写员工编号，当输入重复工号时，会出现如图 3-36 所示的出错警告，此时重复填写的员工编号会被禁止输入。

● 图 3-35　重复性设置

●图3-36 输入错误提示

3.3.5 限制序列条件

有时为了方便数据的录入，需要为数据制作下拉菜单，通过下拉菜单即可进行数据选择。此时就需要采用数据验证的"序列"来进行填充。在员工信息表中，所属部门、学历、婚姻状况以及性别均可以制作下拉菜单进行数据的填写。

1）为所属部门制作下拉菜单。选择"所属部门"列，选择"数据"选项卡，在"数据工具"功能组中单击"数据验证"下的下拉按钮，选择"数据验证"选项，出现"数据验证"对话框。在"设置"的"允许"中选择"序列"，在"来源"中输入内容"数据部,人事部,研发部,财务部"，单击"确定"按钮，如图3-37所示。此时"所属部门"列数据就出现了下拉菜单。

●图3-37 部门序列

2）为"学历"制作下拉菜单。进入"数据验证"对话框。在"设置"的"允许"中选择"序列"，在"来源"中输入内容"研究生,本科,专科,高中,高中以下"，单击"确定"按钮。此时"学历"列数据就出现了下拉菜单，如图3-38所示。

3）为"婚姻状况"制作下拉菜单。进入"数据验证"对话框。在"设置"的"允许"中选择"序列"，在"来源"中输入内容"已婚,未婚"，单击"确定"按钮。此时"婚姻状况"列数据就出现了下拉菜单，如图3-39所示。

4）为"性别"制作下拉菜单。进入"数据验证"对话框。在"设置"的"允许"中选择"序列"，输入内容"男,女"，单击"确定"按钮。此时"性别"列数据就出现了下拉菜单，如图3-40所示。

●图 3-38　学历输入

●图 3-39　婚姻状况输入

●图 3-40　性别输入

此时便为数据添加了下拉菜单，在下拉菜单中只需单击适当的选项，就可以将数据进行填充，有效地限制了数据内容的输入。

3.3.6　圈出无效数据

采用数据验证时，需要注意，对于在设置数据验证之前已经输入的内容，Excel 不予以报错，此时可以采用圈释无效数据的方法来进行数据格式的调整，将不符合条件的数据标记出来，也可以通过“清除验证标识圈”来清除标记。

【案例 3-5】圈出无效数据。

图 3-41 中已经在“工号”列添加了员工工号，现在需要判断有无重复工号。

1）进入“数据验证”对话框。在“设置”的“允许”中选择“自定义”，在“公式”中输入“=COUNTIF($B$23:B23,B23)=1”，单击“确定”按钮。

2）单击“数据验证”，选择“圈释无效数据”选项，此时将圈出重复的员工编号，如图 3-42 所示。

如果需要清除标记，可选择数据区域，选择“清除验证标识圈”。

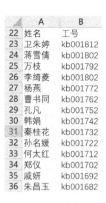

	A	B
22	姓名	工号
23	卫朱婷	kb001812
24	蒋雪倩	kb001802
25	万枝	kb001792
26	李绮菱	kb001802
27	杨燕	kb001772
28	曹书同	kb001762
29	孔凡	kb001752
30	韩娟	kb001742
31	秦桂花	kb001732
32	孙名媛	kb001722
33	何太红	kb001712
34	郑仪	kb001702
35	戚妍	kb001692
36	朱昌玉	kb001682

●图 3-41　工号列设置

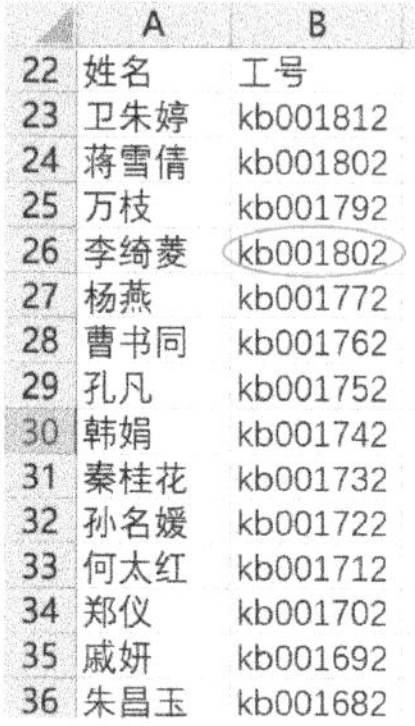

	A	B
22	姓名	工号
23	卫朱婷	kb001812
24	蒋雪倩	kb001802
25	万枝	kb001792
26	李绮菱	kb001802
27	杨燕	kb001772
28	曹书同	kb001762
29	孔凡	kb001752
30	韩娟	kb001742
31	秦桂花	kb001732
32	孙名媛	kb001722
33	何太红	kb001712
34	郑仪	kb001702
35	戚妍	kb001692
36	朱昌玉	kb001682

●图 3-42　圈出无效数据

3.3.7　设置提示信息以及出错警告

当设置完规则后，为了方便填写者输入数据，可以为单元格提供批注，用来提示单元格填写的规则，这就要用到“输入信息”的提醒功能。当输入信息时，如果填写的内容不符合规则，Excel 会提示错误“此值与此单元格定义的数据验证限制不匹配”，但这个错误中并没有提示用户应该填写的规则。这项功能可以通过“出错警告”进行设置。在员工信息表中，为“身份证号”列设置输入信息以及出错警告

1）进入“数据验证”对话框。单击“输入信息”选项卡，在“标题”处填写“长度”，在“输入信息”中输入“长度为 18 位，注意填写”，如图 3-43 所示。

2）单击“出错警告”选项卡，样式选择“停止”，标题输入“18 位”，“错误信息”中输入“身份证号填写错误，请重新填写”，如图 3-44 所示。

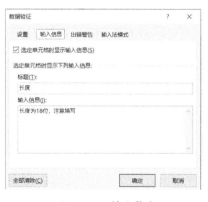

●图 3-43　输入信息

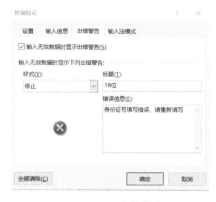

●图 3-44　出错警告

通过上述两个步骤，实现了在输入身份证号前，Excel 显示批注，为数据填写提供思路，员工就可以根据批注进行信息的填写，当输入错误时，会出现错误提示，如图 3-45 所示。

●图 3-45　身份证号出错警告

3.4　特殊数据的输入

当收集每一位员工的个人信息时,经常需要收集姓名、性别、手机号、身份证号、员工编号等。如果不提前设置单元格的数据类型,身份证号和员工编号经常会出问题。原因在于:在数值类型的约定下,Excel 只存储数值,比如 80、100。所以当输入以 0 开头的编号时,Excel 会默认把 0 去掉;输入身份证号,Excel 会认为这是个 18 位的数字,而不是传统意义上的编号;在 Excel 中,输入一串长数字会被自动转为科学计数法表示。由于数据容量与精度问题导致了编码、身份证号以及手机号的显示出现问题。

3.4.1　数字编码的输入

工作过程中,经常需要为数据进行编码,比如员工 1 的编号为 "0001",员工 2 的编号为 "0002",在输入这类编码时,如果不设置单元格格式,数据将不会正常显示,Excel 会默认把 0 去掉,显示 "1" "2" 等。应该如何处理这类型的问题呢?首先需要了解的是,文字编码是不参与数据运算的,仅仅代表了编码。所以可以在输入之前,将单元格的内容设置为 "文本",设置完成之后,再输入数据,此时便能准确无误地进行数据输入了。

数据已经存在,但是没有按照想要的格式进行显示,如图 3-46 所示,如何将数据按照 "0001" "0002" 的格式显示呢?此时可以通过修改数据类型来进行内容的修改。

步骤:选择 "员工编号" 列的数据,右击鼠标选择 "设置单元格格式" 选项,单击 "自定义",输入 "0000" 即可,得到如图 3-47 所示的数据内容。

	A	B
1	姓名	员工编号
2	孔丽红	1
3	沈倩	2
4	郑远琴	3
5	金尔珍	4
6	卫桂花	5
7	陶春竹	6
8	许谷山	7
9	戚之念	8
10	杨黛	9
11	蒋海莲	10

●图 3-46　编码错误输入

	A	B
1	姓名	员工编号
2	孔丽红	0001
3	沈倩	0002
4	郑远琴	0003
5	金尔珍	0004
6	卫桂花	0005
7	陶春竹	0006
8	许谷山	0007
9	戚之念	0008
10	杨黛	0009
11	蒋海莲	0010

●图 3-47　编码正确输入

3.4.2 手机号码的输入

当收集员工手机号时，由于手机号为 11 位数字（超过 11 位会自动用科学计数法表示），经常会出现错误，因此需为手机号的输入设置规则，可以设置手机号的显示方式为"123-4567-8910"。

【案例 3-6】为手机号列设置数据格式并添加规则。

表 3-3 中有员工姓名与手机号两列，如何为表设置格式与规则，使得手机号填写正确而且格式为"123-4567-8910"？可以通过数据类型以及数据验证进行设置。

1）为数据添加单元格格式。选择"手机号"列的数据，右击鼠标选择"设置单元格格式"选项，单击"自定义"，输入"000-0000-0000"，如图 3-48 所示。

表 3-3　手机号设置

姓　　名	手　机　号
孔丽红	
沈倩	
郑远琴	
金尔珍	
卫桂花	
陶春竹	
许谷山	
戚之念	
杨黛	
蒋海莲	

●图 3-48　手机号输入方式

2）为数据列添加数据验证。选择"手机号"列，选择"数据"选项卡，在"数据工具"功能组中单击"数据验证"下的下拉按钮，选择"数据验证"选项，出现"数据验证"对话框。

3）在"设置"选项卡的"允许"中选择"文本长度"，"数据"选择"等于"，"长度"为"11"，如图 3-49 所示。

4）单击"出错警告"选项卡，在"错误信息"中输入"请输入正确的手机号"，如图 3-50 所示，单击"确定"按钮即可。

●图 3-49　手机号输入设置

当正常输入手机号"15735681234"时，数据显示结果为"157-3568-1234"，当输入错误的手机号，比如"123"，数据便会报错，如图 3-51 所示。

●图 3-50　出错设置

●图 3-51　输错警告

3.4.3　身份证号输入

身份证号为 18 位数字，根据 Excel 的约定，超过 11 位会自动用科学计数法表示，并且 15 位之后的数会被自动转换为 0。因而，当未设置单元格格式时，默认输入的身份证号将无法正常表示，如图 3-52 所示。

当身份证号中带有"X"时，默认表示方式为"文本"，因而可以正常显示，但是当数据中不存在"X"时，Excel 默认输入的数据为数字，此时数据无法正常显示。那么应该如何正确输入身份证号呢?

步骤:选择"身份证号"列，右击鼠标选择"设置单元格格式"选项，将其修改为"文本"，此时再输入数据即可，具体结果如图 3-53 所示。

	A	B
25	姓名	身份证号
26	吴涛	5.00111E+17
27	许竹	5.13331E+17
28	何志桃	5.40324E+17
29	卫梅梅	4.40117E+17
30	何青槐	4.41426E+17
31	王明珠	4.41501E+17
32	郑国	5.20627E+17
33	孔晶	13072520010213364X
34	卫敏	1.30726E+17
35	尤旭	1.30427E+17

●图 3-52　身份证常见错误

	A	B
40	姓名	身份证号
41	吴涛	500111200206116113
42	许竹	513331201306173639
43	何志桃	540324199511190461
44	卫梅梅	440117201408216362
45	何青槐	441426197602169357
46	王明珠	441501201103215619
47	郑国	520627199603249418
48	孔晶	13072520010213364X
49	卫敏	130726200402116928
50	尤旭	130427198302049908

●图 3-53　正确结果

接下来可能会有读者产生这样的疑问:如何将已经输入的身份证号恢复呢?将数据从科学计数调整为正常数字即可，但数据在输入时，已经变为 0，因此需要注意，在输入之前，需要先设置单元格格式。

那么如何将科学计数法数据调整为正常数据格式呢？

步骤：为数据设置单元格格式。选择"身份证号"列的数据，右击鼠标选择"设置单元格格式"选项，单击"自定义"，输入"0"。得到如图3-54所示的结果。

	A	B
55	姓名	身份证号
56	吴涛	500111200206116000
57	许竹	513331201306173000
58	何志桃	540324199511190000
59	卫梅梅	440117201408216000
60	何青槐	441426197602169000
61	王明珠	441501201103215000
62	郑国	520627199603249000
63	孔晶	13072520010213364X
64	卫敏	130726200402116000
65	尤旭	130427198302049000

● 图 3-54　取消科学计数法

3.5　单元格内容批量输入

工作中经常需要在已经选定的单元格中批量输入相同的数据，在这种情况下，如果单元格比较多，采用复制、粘贴功能，将会是一件庞大而且无意义的重复性工作。Excel 提供了一种简单的方法，采用快捷键〈Ctrl+Enter〉，一键完成数据的批量输入。它的使用原理是通过将选定区域中活动单元格的内容向区域中其他单元格复制，来实现连续批量填充或者间断批量填充。

【案例 3-7】批量输入。

表 3-4 为员工登录信息，如何批量为空白单元格输入"否"？

表 3-4　员工登录信息

姓　　名	是否在国内	是否成年	是否已婚
钱凌珍		是	
沈雁	是		
张半芹			是
李乐		是	
沈亚梅	是		
陈文涛		是	
戚淑芬			
窦金玫	是	是	
华丹	是		是
沈玫			
尤小蝶		是	是

1）选中数据表，按下快捷键〈Ctrl+G〉开启定位功能，进入"定位条件"对话框。

2）在"定位条件"对话框中，选择空值，如图 3-55 所示，单击"确定"按钮。经过上述操作，所有的空格已经被选中。

3）在编辑栏中输入"否"，按下快捷键〈Ctrl+Enter〉，此时就可以将所有空白单元格填写完成。结果如图 3-56 所示。

	A	B	C	D
18	姓名	是在国内	是成年	是已婚
19	钱凌珍	否	是	否
20	沈雁	是	否	否
21	张半芹	否	否	是
22	李乐	否	是	否
23	沈亚梅	是	否	否
24	陈文涛	否	是	否
25	戚淑芬	否	否	否
26	窦金玫	是	是	否
27	华丹	是	否	是
28	沈玫	否	否	否
29	尤小蝶	否	是	是

●图 3-55　定位条件设置　　　　　●图 3-56　空白单元格填充完成

3.6　快速删除重复值、空白值

当数据输入完毕后，接下来要进行数据的清洗与处理。数据清洗的首要操作是为数据删除掉重复值以及空白值。重复值通常是整列信息完全一致的信息，这些信息可能是输入人员的误操作造成的，因此要为数据进行清洗，否则会因数据的重复汇总，造成信息错误。当数据中出现空白行或者空白列时，可能会在创建数据透视表或函数统计时出现相应的错误。

图 3-57 为部分服装数据，现在表格中包含了重复数据以及空白行和空白列，如何快速处理呢？

	A	B	C	D	E	F	G	H	I	J	K
1	订单ID	订单日期	类别		产品名称	省/自治区	客户名称	销售经理	利润	数量	销售额
2	4870971	2017/1/1	秋装		秋衣	湖南	邢宁	王倩倩	610.68	3	1607.34
3	4870972	2017/1/2	冬装		围巾	湖南	邢宁	王倩倩	1321.6	5	3304.7
4	4870973	2017/1/3	冬装		羽绒服	广东	康青	王倩倩	2.8	2	286.72
5	4870974	2017/1/4	夏装		长裙	天津	谭珊	张怡莲	118.44	2	456.12
6											
7	4870975	2017/1/5	夏装		长裙	天津	谭珊	张怡莲	194.6	5	591.5
8	4870976	2017/1/6	冬装		手套	广东	康青	王倩倩	128.016	4	366.016
9	4870977	2017/1/7	冬装		毛衣	吉林	陈娟	郝杰	497.56	2	2619.4
10	4870978	2017/1/8	秋装		秋衣	吉林	陈娟	郝杰	506.66	7	2415.7
11	4870973	2017/1/3	冬装		羽绒服	广东	康青	王倩倩	2.8	2	286.72
12	4870974	2017/1/4	夏装		长裙	天津	谭珊	张怡莲	118.44	2	456.12

●图 3-57　空值展示

3.6.1　快速删除重复值

信息汇总前，首先需要将重复信息删除。那么如何找到这些重复值，并快速删除呢？现在对服装数据进行快速处理。

1）选择数据整个区域，在"开始"选项卡下，单击"套用表格样式"按钮，选择其中一个样式。在"表数据的来源"处检查数据的区域,勾选"表包含标题",如图3-58所示,单击"确定"按钮。

2)在菜单栏当中,单击"数据"选项卡,选择"删除重复值",勾选需要删除的重复项目,如图3-59所示,单击"确定"按钮。

●图3-58　套用表格样式

●图3-59　删除重复值

3)此时重复数据就会全部删除,且显示了一共删除了多少信息,如图3-60所示。单击"确定"按钮即可。

●图3-60　删除结果显示

3.6.2　快速删除空白行和空白列

获取到数据之后,可能会出现大批量的空白行和空白列,此时如何快速删除这些空白行和空白列呢?现在仍然继续对服装数据进行快速处理,删除数据中的空白行。

1)单击"订单ID"处的下拉按钮,筛选出"空白",取消其余项目的勾选,如图3-61所示,单击"确定"按钮。

2)将空白区域全部选中,将其删除。此时单击"订单ID"处的下拉按钮,选择"全选",单击"确定"按钮。此时数据中空白行已经删除了,结果如图3-62所示。

那么如何进行删除空白列呢?

1)按快捷键〈Ctrl+E〉全选工作表,接下来按快捷键〈Ctrl+G〉打开定位。在查找和选择中选择定位条件。

2)在"定位条件"对话框中,选择"常量",单击"确定"按钮,如图3-63所示。

3)在"开始"选项卡下,单击"格式"下拉按钮,选择"隐藏和取消隐藏"→"选择隐藏列"选项,如图3-64所示。

●图3-61　搜索下拉法

●图 3-62　列空值删除

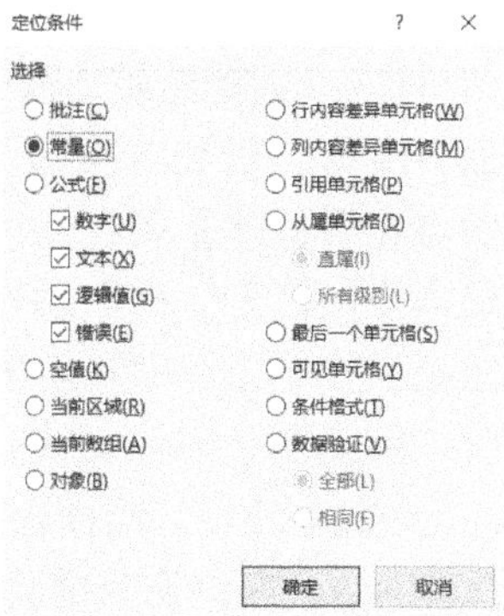

●图 3-63　定位空值显示

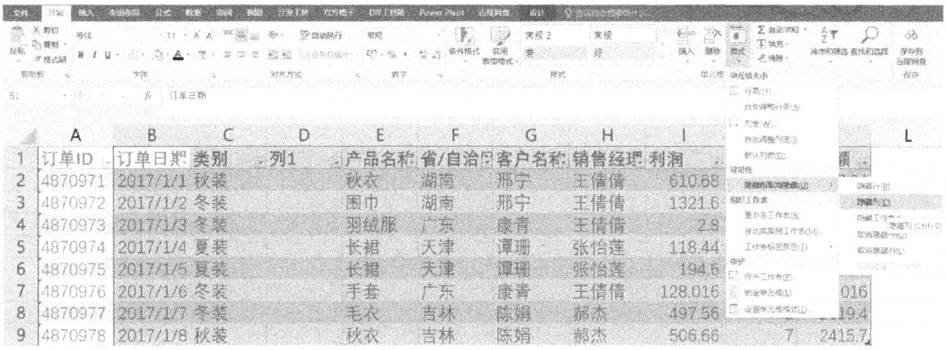

●图 3-64　隐藏列设置

4）选中整个工作表，按快捷键〈Ctrl+G〉打开"定位条件"对话框，在对话框中选择"空值"单选按钮，设置完成后，单击"确定"按钮，关闭对话框。

5）在"单元格"功能组中，单击"删除"下拉按钮，执行"删除单元格"命令，即可将空白列删除。

6）按快捷键〈Ctrl + Shift + O〉取消隐藏，此时空白列就可以被删除，结果如图 3-65 所示。

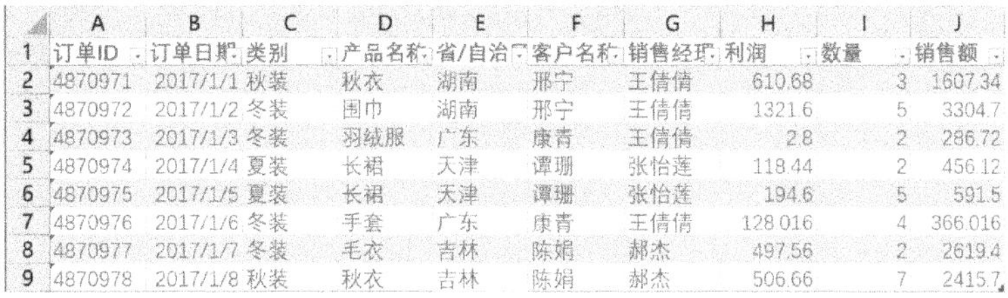

●图 3-65　正确结果显示

3.7　单元格的复制与粘贴

复制与粘贴是最常用的功能，那么复制与粘贴功能在哪里呢？单击"开始"选项卡，就可以看到"剪贴板"功能组，如图3-66所示。

Excel的剪贴板功能组中，还有一个剪切功能，当选择数据区域后，单击"剪切"按钮，选择的数据就被放置在剪贴板上了，当粘贴数据时，原本的数据区域中的数据将被清空，这也是剪切与复制最本质的区别。而"粘贴"功能只有当剪贴板功能启动后，才能被激活。当单击剪贴板右下方的箭头时，弹出"剪贴板"对话框，此时之前复制过的记录就会被显示出来，如图3-67所示。

● 图 3-66　剪切板

在Excel中，同样也提供了数据复制的快捷键，复制快捷键是〈Ctrl+C〉。复制完数据后，Excel还提供了多种粘贴方式。

- 数据的默认粘贴、格式与值。
- 粘贴的运算。
- 转置粘贴。
- 跳过空单元格。

【案例3-8】选择性粘贴。

表3-5为员工的基本信息表，现根据表3-5进行数据的粘贴操作。

● 图 3-67　剪贴板内容

表3-5　员工登录信息

姓　名	地　区	出生日期	性　别	底　薪
严大毅	湖南省	1987-02-10	女	6000
朱通发	内蒙古自治区	1965-03-11	女	7000
段和	吉林省	1978-04-13	女	6500
孔毕辉	新疆维吾尔自治区	2017-03-24	男	8000
蒋天才	吉林省	2004-07-22	男	5000
孙茜	湖北省	2002-08-23	女	10000
姜胜民	湖南省	2012-01-22	男	12000
卫子轩	内蒙古自治区	2018-10-14	男	9000
周志泽	河北省	1967-06-08	男	12000
时林	山西省	1999-09-18	男	5000

3.7.1　数据的默认粘贴、格式与值

当需要将单元格的数据从一个区域复制到另一区域时，有的单元格格式为文本，有的单元格格式为日期，还有的单元格填充了颜色，此时单元格样式已经不是常规格式了。

如何查看单元格格式呢？

步骤：单击单元格，右击鼠标，在弹出的快捷菜单中选择"设置单元格格式"选项，出现"设置单元格格式"对话框。单元格格式主要包括：数字、对齐、字体、边框、填充以及保护。如图 3-68 中，"严大毅"的填充颜色为黄色，而 Excel 单元格格式默认为常规。

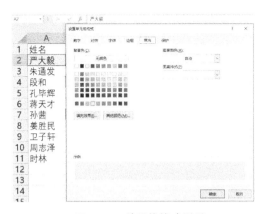

● 图 3-68　单元格格式展示

如何按照数据区域单元格的原本格式进行粘贴？

当需要将单元格的颜色、数据的类型、对齐方式、字体以及边框按照原本的形式进行粘贴时，可以采用默认粘贴。

1）选择数据，然后按快捷键〈Ctrl+C〉，将数据进行复制。

2）在空白区域中，右击任一单元格，在弹出的菜单中单击"粘贴选项"中的"粘贴"按钮，如图 3-69 所示。此时粘贴的数据，无论是单元格的颜色，还是边框，格式均一致。

当仅需要单元格的样式或者单元格的内容时，可以进行特殊的粘贴。如果需要单元格的格式，选择"格式"即可；如果需要单元格的内容，选择"值"即可，如图 3-70 所示。

● 图 3-69　默认粘贴

● 图 3-70　值粘贴与格式粘贴

3.7.2　粘贴的运算

除了上述的默认粘贴、格式与值，Excel 中还提供了多种多样的粘贴方式，比如粘贴公式、粘贴为图片等功能，这些功能的出现，为人们工作提供了便利。那么如何查看 Excel 提供的所有粘贴方式呢？

步骤：单击"开始"选项卡→"剪贴板"功能组→"粘贴"下拉按钮，在弹出的下拉列表中选择"选择性粘贴"选项，打开"选择性粘贴"对话框，"选择性粘贴"对话框的格式如图 3-71 所示，主要分为 3 部分：粘贴方式、运算和特殊方式。

在图 3-71 中可以发现，"选择性粘贴"中提供了加、减、乘、除四种运算方式，这四种运算方式主要用在数据的批量计算中。当需要将所有的员工底薪上调 200 元时，有人选择手动在原始数值上改变，有人选择重新创建一列数据，采用公式的方式进行计算。那如果只允许在原始数值上改变呢？

如何在底薪上增加 200 元？

1）在工作表数据外的空白单元格中输入要增加的金额"200"。

2）复制内容为 200 的单元格，选择"底薪"列数据单元格区域，在"粘贴"下拉列表中选择"选择性粘贴"选项，选择"加"，如图 3-72 所示，单击"确定"按钮，即可将"底薪"列数据增加 200。

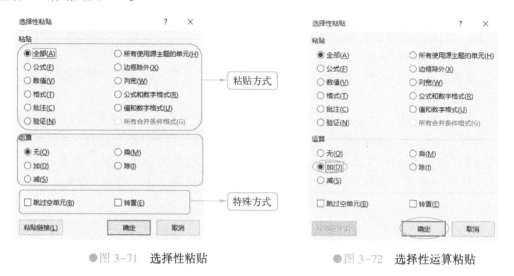

● 图 3-71　选择性粘贴　　　　　　　　● 图 3-72　选择性运算粘贴

3.7.3　转置粘贴

当需要将数据的行转换成列时，可以采取选择性粘贴的转置功能进行处理，转置是指将被复制数据的列变成行，将行变成列。

现在需要将源数据进行转置，如何操作呢？

步骤：选择源数据，按快捷键〈Ctrl+C〉将复制数据，单击空白区域，在"粘贴"下拉列表中选择"选择性粘贴"选项，勾选"转置"，单击"确定"按钮，即可完成数据的转置，得到如图 3-73 所示的结果。

●图 3-73　粘贴结果

3.7.4　跳过空单元格

当需要对数据中的某一些数据进行修改时，可以采用跳过空单元格。跳过空单元格是指当复制的源数据区域中有空单元格时，粘贴时空单元格不会替换粘贴区域对应单元格中的值。

比如要做薪资调整，需要对其中某些员工的底薪进行相应的调整。员工严大毅的底薪上调至 10000，员工时林的底薪上调至 8000，员工卫子轩的底薪上调至 12000，如何对数据进行快速调整呢？

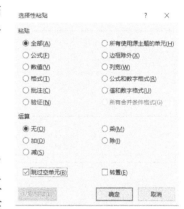

1）在“底薪”列后面添加需要修改的数据，如图 3-74 所示。

	A	B	C	D	E	F
30	姓名	地区	出生日期	性别	底薪	调整
31	严大毅	湖南省	1987-02-10	女	6000	10000
32	朱通发	内蒙古自治区	1965-03-11	女	7000	
33	段和	吉林省	1978-04-13	女	6500	
34	孔毕辉	新疆维吾尔自治区	2017-03-24	男	8000	
35	蒋天才	吉林省	2004-07-22	男	5000	
36	孙茜	湖北省	2002-08-23	女	10000	
37	姜胜民	湖南省	2012-01-22	男	12000	
38	卫子轩	内蒙古自治区	2018-10-14	男	9000	12000
39	周志泽	河北省	1967-06-08	男	12000	
40	时林	山西省	1999-09-18	男	5000	8000

●图 3-74　修改值展示

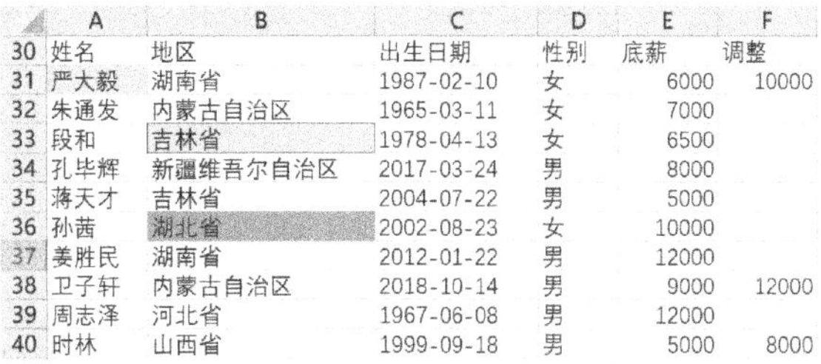

2）复制“调整”列数据，选择员工严大毅的底薪，在“粘贴”下拉列表中选择“选择性粘贴”选项，勾选“跳过空单元格”，如图 3-75 所示，单击“确定”按钮。通过上述操作，即可将数据进行修改。

●图 3-75　跳过空单元格

3.8　名称管理器

当工作簿中包含多个名称时，可以使用“名称管理器”来管理。名称管理器的目的是用一个名称来代替所选中的区域，这样可以减少因为频繁使用单元格区域造成的错误。在“名称管理器”对话框中，用户可以根据需要对名称进行新建、编辑和删除操作。

3.8.1　名称管理器的定义及方法

那么如何定义名称管理器呢？接下来将为员工信息表创建名称管理器。

【案例 3-9】为员工信息表创建名称管理器。

1）在键盘上，按快捷键〈Ctrl+A〉全选数据区域，单击“公式”选项卡，选择“定义的名称”功能组，单击“定义名称”按钮，此时进入了“新建名称”对话框，如图 3-76 所示。

2）在“名称”处进行修改，修改为“员工信息表”，如图 3-77 所示，单击“确定”按钮。此时就为员工信息表创建好了名称管理器。

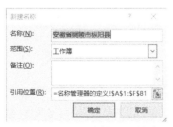

●图 3-76　名称管理器创建

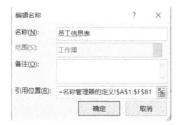

●图 3-77　名称管理器

那么创建好名称管理器后，应该如何使用呢？

当想要获取员工信息表时，先选中相同行列的空白区域，然后输入“=员工信息表”，按快捷键〈Ctrl+Shift+Enter〉生成结果，操作结果如图3-78所示。

● 图 3-78   结果展示

3.8.2   名称管理器的应用

在工作中，经常需要创建二级目录，二级目录的创建需要数据验证以及名称管理器的共同结合才可以使用。

【案例3-10】创建二级目录。

制作各省份二级目录，在选择了省份时，可以根据各个省份下拉菜单查找对应的城市，结果如图3-79所示。

在制作之前，首先需要得到各个省份的列表以及各个省份对应的城市信息。部分信息如图3-80所示。

● 图 3-79   二级下拉菜单

● 图 3-80   源数据展示

在数据表中，A列是"省直辖市自治区"，从B列开始为各个省（直辖市）的城市。接下来将会采用这个表进行制作。

1）创建一个新表，在单元格中输入"省直辖市自治区"和"关联的市/区"，如图3-81所示。

2）为"省直辖市自治区"创建数据验证，为"省直辖市自治区"创建下拉菜单。单击单元格"A2"，选择"数据"选项卡，在"数据工具"功能组中单击"数据验证"下的下拉按钮，选择"数据验证"选项，

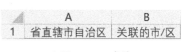

●图 3-81　表头

出现"数据验证"对话框。在"设置"的"允许"处选择"序列"，在"来源"处选择省市信息表的第一列，单击"确定"按钮。此时"省直辖市自治区"列数据就出现了下拉菜单，具体结果如图 3-82 所示。

3）单击"省市信息"表，在该表中为各个省市创建名称管理器。按快捷键〈Ctrl+Shift+→〉选择"北京市"列的数据，单击"公式"选项卡，在"定义的名称"功能组下单击"根据所选内容创建"按钮，弹出"以选定区域创建"对话框。

4）在弹出的"以选定区域创建"对话框中进行区域名称的设定，由于名称在首行，因此，勾选"首行"，如图 3-83 所示，单击"确定"按钮。

此时便为北京市创建好了名称管理器，单击"名称管理器"，此时就会在名称管理器中看到创建的"北京市"的名称管理器，具体结果如图 3-84 所示。接下来按照上述步骤为所有省市创建名称管理器。

●图 3-82　省数据
验证设置

●图 3-83　名称
管理器

●图 3-84　名称管理器创建结果

5）在"关联的市/区"单元格下创建数据验证。在"设置"的"允许"处选择"序列"，在"公式"处输入公式"=INDIRECT($A$2)"，如图 3-85 所示，单击"确定"按钮。此时"关联的市/区"列数据就出现了下拉菜单。

通过上述操作便为市/区创建好了下拉列表，此时可以在"省直辖市自治区"下选择对应的省份，在关联的市/区列下，就自动出现了所选省份对应的市/区，直接进行选择即可，结果如图 3-86 所示。

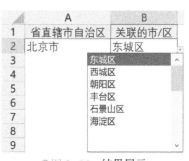

●图 3-85　市级数据验证设置

●图 3-86　结果展示

第4章

数据处理、汇总与分析

在学习了 Excel 数据类型、数据的导入、数据输入时规则的设置之后，下一步就是对数据进行处理分析，通过处理分析从数据中得到相应的信息。那么在 Excel 中，对数据的处理分析都包含了哪些操作呢？当获取到数据后，可以先对数据进行清洗，清洗的常见操作主要包含了查找与替换、分列功能以及数据的合并与拆分；当对数据清洗完成后，接下来可以对数据进行相应的探索，比如通过排序可以得到数据的序列；通过筛选可以迅速筛选出自己想要的信息；通过自动填充功能实现数据的快速唯一编码；通过条件格式和表格美化可以对单元格进行美化以及标注重要信息。接下来就进入数据处理、汇总与分析章节的学习。

4.1 查找与替换

工作中经常会创建数据量比较大的表格，当表格比较大时，如果想要查询自己想要的内容，单靠肉眼就比较难发现。Excel 提供了一种查找与替换功能，通过查找与替换，可以得到自己想要的内容，而且这种功能是工作中最常用的。

4.1.1 查找单元格内容

利用 Excel 的查找功能，可以在工作表或者工作簿中搜索需要的内容，形式可以为数字或者文本，比如需要在表中查找“北京市”的内容，此时只需要在“查找与替换”对话框中输入“北京市”即可。当有用户表名，需要搜索“北”，长度为 3 时，可以通过通配符实现。通配符主要有问号和星号，通过通配符的代替，可以满足更多的需求。同时，查找也可以按照行和列进行搜索，亦可以在单个工作表和工作簿中进行查找，常见的搜索方式如表 4-1 所示。

表 4-1 搜索

搜索目标	搜索方式	注意事项
以 W 开头	W*	勾选“单元格匹配”
以 W 结尾	*W	勾选“单元格匹配”
包含 W	W	撤销勾选“单元格匹配”
以 W 开头的二个字母	W?	勾选“单元格匹配”
以 W 结尾的二个字母	?W	勾选“单元格匹配”

【案例 4-1】查找员工信息。

图 4-1 中的数据为部门员工信息，现在需要查询“杨”姓员工，如何进行快速查找呢？

	A	B	C	D	E	F
1	姓名	地区	出生日期	年龄	性别	身份证号
2	钱秋荣	甘肃省天水市甘谷县	1996-09-10	25	女	620523199609106429
3	严香薇	浙江省宁波市北仑区	1972-04-22	49	女	330206197204220302
4	孙倩	安徽省安庆市岳西县	1987-04-01	34	男	340828198704018255
5	杨芸	湖北省荆州市松滋市	1973-09-10	48	女	421087197309105669
6	许可	江西省抚州市广昌县	1979-05-23	42	女	361030197905231624
7	郎芳	广东省揭阳市揭阳市	1965-03-22	56	男	445201196503224454
8	华阳涌	河北省沧州市青县	1992-01-02	29	男	130922199201025931
9	赵丹	贵州省黔东南苗族侗族自治州凯里市	1992-02-24	29	男	522601199202248551
10	蒋倩	青海省黄南藏族自治州河南蒙古族自治县	1968-02-01	53	女	632324196802016965
11	孙谷波	山东省济宁市鱼台县	1973-10-11	48	男	370827197310118290
12	戚宜	贵州省六盘水市六枝特区	2012-07-24	9	男	520203201207246933
13	韩兴怡	河北省保定市蠡县	1973-03-14	48	男	130635197303147952

图 4-1 员工信息

1）选择"姓名"列，在功能区"开始"选项卡下单击"查找与选择"下的下拉按钮，选择"查找"选项，打开"查找与替换"对话框，操作结果如图4-2所示。

此时打开了"查找与替换"对话框，首先第一个选项卡为"查找"，可以在其中输入自己想要的内容。

2）在"查找内容"处输入"杨＊"。

3）单击"选项"按钮。在其中勾选"单元格匹配"，单击"查找全部"按钮，如图4-3所示。

此时需要查找的结果就出现在页面下方，结果如图4-4所示。如果需要一个一个查找，此时单击"查找下一个"按钮。

●图4-2　查找与替换

●图4-3　单元格匹配

●图4-4　查找结果

4.1.2　批量替换数据

获得数据表后，经常需要进行数据处理和数据分析。在得到的数据表中，经常会存在一些空格，这些空格会影响最后的分析结果，那么这些信息如何批量修改呢？可以通过数据替换功能进行修改。

【案例4-2】批量修改数据。

表4-2中的数据为学生的各科成绩，在这些成绩的"下等"中存在空格，这就导致了数据的不规范。如何进行修改呢？

步骤：选择数据区域，在功能区"开始"选项卡下单击"查找与选择"下的下拉按钮，选择"替换"选项，打开"查找与替换"对话框。单击"替换"选项卡，在"查找内容"处输入"下 等"，在"替换为"处输入"下等"，单击"全部替换"按钮，如图4-5所示。

表4-2　学生各科成绩

姓　名	语　文	数　学	英　语
陶亚萍	优等	中下等	中下等
郑丽	中等	下 等	中下等
鲁淑芬	中下等	中等	中下等
孙梓涵	下 等	中下等	优等
卫亚	优等	下 等	下 等
钱醉薇	中等	下 等	中下等
朱梦	下 等	中下等	优等
施露	中下等	下 等	中下等
许香秀	优等	中等	优等
闫晶	中等	下 等	中等

●图4-5　内容输入

4.2　分列功能

工作过程中分列是最常用的一个功能，使用分列可以快速地分隔一些文本，并且还可以用来转换一些数据的格式。它的功能非常强大，灵活使用 Excel 的分列功能，特别是在处理大量数据时，可以帮助人们解决实际工作中遇到的很多问题，极大地提高工作效率。

分列的方法有两种。

- 以分隔符号进行分列。
- 以固定宽度进行分列。

各自的应用场景如下。

- 以分隔符号分列：适用于数据源带有某些特定的符号（如逗号、冒号、空格等）的情况。
- 以固定宽度分列：适用于数据源比较整齐、数据排列有规律的情况。

4.2.1　以分隔符号进行分列

如果数据中带有分隔符号，比如 Tab 键、分号、逗号与空格，可以以分隔符号进行分列。具体符号如图 4-6 所示。

●图 4-6　分隔符显示

【案例 4-3】以分隔符号进行分列。

现在有一批员工的基本信息，如表 4-3 所示，需要将其中的地区进行拆分，以便观察员工的用户画像。

1) 选择"地区"列数据，单击"数据"选项卡，在"数据工具"功能组下选择"分列"选项，出现"文本分列向导-第 1 步，共 3 步"对话框。选择"分隔符号"，单击"下一步"按钮，如图 4-7 所示。

表 4-3　员工基本信息

姓　名	身　份　证　号	地　区
曹明珠	511521201209177108	四川 宜宾 宜宾
姜熠彤	22058119800727151X	吉林 通化 梅河口
蒋康	610481197302231812	陕西 咸阳 兴平
许旭尧	411426201109146235	河南 商丘 夏邑
华健民	340103200410043337	安徽 合肥 庐阳区
冯天佑	140121200904219238	山西 太原 清徐
戚桂花	445281198605225256	广东 揭阳 普宁
吴夏雪	511622199811080810	四川 广安 武胜
吴虹霖	510182198105076447	四川 成都 彭州
何江霞	611025198510130963	陕西 商洛 镇安

●图 4-7　文本分列向导第 1 步

2）出现"文本分列向导–第2步，共3步"对话框。勾选"空格"，此时在"数据预览"处，已经将数据分列完成，如图4-8所示，单击"下一步"按钮。

3）出现"文本分列向导–第3步，共3步"对话框，选择"目标区域"，默认情况下，数据将在原始数据上进行分列，不保留分列之前数据。当然，也可以重新选择数据放置位置，选择"省"列单元格，如图4-9所示。

● 图 4-8　文本分列向导第 2 步

● 图 4-9　文本分列向导第 3 步

通过上述操作步骤，结果如图4-10所示。

	A	B		C		D	E	F
1	姓名	身份证号		地区		省	市	县
2	曹明珠	511521201209177108		四川 宜宾 宜宾		四川	宜宾	宜宾
3	姜熠彤	22058119800727151X		吉林 通化 梅河口		吉林	通化	梅河口
4	蒋康	610481197302231812		陕西 咸阳 兴平		陕西	咸阳	兴平
5	许旭尧	411426201109146235		河南 商丘 夏邑		河南	商丘	夏邑
6	华健民	340103200410043337		安徽 合肥 庐阳区		安徽	合肥	庐阳区
7	冯天佑	140121200904219238		山西 太原 清徐		山西	太原	清徐
8	戚桂花	445281198605225256		广东 揭阳 普宁		广东	揭阳	普宁
9	吴夏雪	511622199811080810		四川 广安 武胜		四川	广安	武胜
10	吴虹霖	510182198105076447		四川 成都 彭州		四川	成都	彭州
11	何江霞	611025198510130963		陕西 商洛 镇安		陕西	商洛	镇安

● 图 4-10　分列结果展示

当数据包含其他的符号，比如反斜杠、斜杠、冒号以及连接号等分隔符号时，同样也可以进行分列。只需要在"文本分列向导–第2步，共3步"对话框中，勾选"其他"复选按钮，输入需要的分隔符号即可。

4.2.2　以多个分隔符号进行分列

在平时工作中，数据经常会放在一列，当数据用多个类型的分隔符号进行分割时，比如源数据中数据的分割，包含了逗号、分号、空格等多个符号，此时可以通过多个分隔符号进行分列，但是在以多个分隔符进行分列时，需要注意分隔符号最好不要超过5个。

【案例4-4】以多个分隔符号进行分列。

表4-4中的数据为股票信息数据，可以看出数据均在一列进行了分布，此时需要对数据进行拆分，源数据中包含了多个符号，主要有逗号、空格、斜杠，如何通过分隔符号对数据进行分列？

1）选择第 1 列数据，单击"数据"选项卡，在"数据工具"功能组下选择"分列"选项，出现"文本分列向导-第 1 步，共 3 步"对话框。选择"分隔符号"，单击"下一步"按钮。

2）进入"文本分列向导-第 2 步，共 3 步"对话框。勾选"逗号""空格"以及"其他"，在"其他"后输入"/"，此时在"数据预览"处，已经将数据分列完成，如图 4-11 所示，单击"下一步"按钮。

3）进入"文本分列向导-第 3 步，共 3 步"对话框，选择"目标区域"，重新选择数据放置位置，选择"股票简称"列单元格。对"列数据格式"进行设置，"申购日期"为日期格式，因而可以选择"日期"形式，如图 4-12 所示，单击"完成"按钮即可。

表 4-4 股票信息

股票简称-股票代码-申购日期-行业市盈率	股票简称	股票代码	申购日期	行业市盈率
海天股份，603759 03-17/15.85%				
星球石墨，688633 03-15/52.99%				
奥泰生物，688606 03-15/52.50%				
艾隆科技，688329 03-12/52.99%				
英力股份，300956 03-12/51.82%				
嘉亨家化，300955 03-12/45.08%				
九联科技，688609 03-11/51.82%				
爱科科技，688092 03-10/52.99%				
长龄液压，605389 03-10/37.73%				
同力日升，605286 03-10/37.73%				
震裕科技，300953 03-09/53.25%				
楚天龙，3040 03-09/51.68%				
西力科技，688616 03-08/36.13%				
有研粉材，688456 03-08/32.73%				
青云科技，688316 03-03/58.28%				

● 图 4-11 多分隔符号分列

● 图 4-12 日期设置

通过上述操作，就可以将一个单元格中的内容迅速进行拆分，得到如图 4-13 所示的结果。

	A	B	C	D	E
13	股票简称-股票代码-申购日期-行业市盈率	股票简称	股票代码	申购日期	行业市盈率
14	海天股份,603759 03-17/15.85%	海天股份	603759	3月17日	15.85%
15	星球石墨,688633 03-15/52.99%	星球石墨	688633	3月15日	52.99%
16	奥泰生物,688606 03-15/52.50%	奥泰生物	688606	3月15日	52.50%
17	艾隆科技,688329 03-12/52.99%	艾隆科技	688329	3月12日	52.99%
18	英力股份,300956 03-12/51.82%	英力股份	300956	3月12日	51.82%
19	嘉亨家化,300955 03-12/45.08%	嘉亨家化	300955	3月12日	45.08%
20	九联科技,688609 03-11/51.82%	九联科技	688609	3月11日	51.82%
21	爱科科技,688092 03-10/52.99%	爱科科技	688092	3月10日	52.99%
22	长龄液压,605389 03-10/37.73%	长龄液压	605389	3月10日	37.73%
23	同力日升,605286 03-10/37.73%	同力日升	605286	3月10日	37.73%
24	震裕科技,300953 03-09/53.25%	震裕科技	300953	3月9日	53.25%
25	楚天龙,3040 03-09/51.68%	楚天龙	3040	3月9日	51.68%
26	西力科技,688616 03-08/36.13%	西力科技	688616	3月8日	36.13%
27	有研粉材,688456 03-08/32.73%	有研粉材	688456	3月8日	32.73%
28	青云科技,688316 03-03/58.28%	青云科技	688316	3月3日	58.28%

● 图 4-13 分列结果

4.2.3 以固定宽度进行分列

以固定宽度进行分列通常适用于数据源比较整齐、数据排列有规律的情况。例如，可以从员工的身份证号中提取出生日期。

【案例 4-5】以固定宽度进行分列。

表 4-5 为某公司员工的基本信息，现要求提取员工的出生日期。已知身份证号为 18 位数字，从第 7 位数字开始，后面的 8 位为出生日期。

1）选中身份证号数据信息，单击"数据"选项卡，选择"分列"选项，出现"文本分列向导-第 1 步，共 3 步"对话框。

2）选择"固定宽度"，然后单击"下一步"按钮，进入分列线选定，出现"文本分列向导-第 2 步，共 3 步"对话框，如图 4-14 所示。

3）在身份证号的出生日期的开始和末尾分别单击，就出现了两条分列线，把身份证号信息分成了 3 部分；如图 4-15 所示，然后单击"下一步"按钮，出现"文本分列向导-第 3 步，共 3 步"对话框。

表 4-5 员工基本信息

姓名	身份证号	出生日期
曹明珠	511521201209177108	
姜熠彤	22058119800727151X	
蒋康	610481197302231812	
许旭尧	411426201109146235	
华健民	340103200410043337	
冯天佑	140121200904219238	
戚桂花	445281198605225256	
吴夏雪	511622199811080810	
吴虹霖	510182198105076447	
何江霞	611025198510130963	

●图 4-14　身份证号分列

●图 4-15　分列线设置

4）因为只保留出生日期信息，第 1 部分选择"不导入此列"，第 2 部分选择日期，日期格式设置为 YMD（可根据需要自行设定），第 3 部分选择"不导入此列"，设置需要放置的目标单元格，如图 4-16 所示，单击"完成"按钮即可。

通过上述操作，可以从身份证号中提取出相应的出生日期，结果如图 4-17 所示。

●图 4-16　信息提取

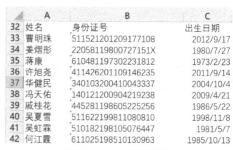

	A	B	C
32	姓名	身份证号	出生日期
33	曹明珠	511521201209177108	2012/9/17
34	姜熠彤	22058119800727151X	1980/7/27
35	蒋康	610481197302231812	1973/2/23
36	许旭尧	411426201109146235	2011/9/14
37	华健民	340103200410043337	2004/10/4
38	冯天佑	140121200904219238	2009/4/21
39	戚桂花	445281198605225256	1986/5/22
40	吴夏雪	511622199811080810	1998/11/8
41	吴虹霖	510182198105076447	1981/5/7
42	何江霞	611025198510130963	1985/10/13

●图 4-17　结果展示

4.2.4 分列转换数据格式

在 Excel 中输入数字时，默认情况下是作为数值型数据存在的。比如输入日期"20200101"时，默认为数值型数据，而不是日期格式。如何将格式"yyyymmdd"转换成日期格式"yyyy-mm-dd"，使得日期可以参与日期函数运算，是日常工作中经常遇到的问题。那么如何快速转换格式呢？Excel 的"分列"功能提供了其他格式数据转换成文本格式或者日期格式数据的方法。

【案例 4-6】转换格式。

表 4-6 源数据中的日期列数据的数据格式不是标准的日期格式，表现为文本或者数字，无法参与日期函数的运算，需要快速将这些数据转换成标准的日期格式数据。

1）选中"日期"列单元格或单元格数据区域。单击"数据"选项卡，选择"分列"选项，弹出"文本分列向导，第 1 步，共 3 步"对话框，如图 4-18 所示。

2）选择这两种类型中的任意一种，在这里保持默认状态。选择"分隔符号"，然后单击"下一步"按钮，进入分列线选定，弹出"文本分列向导，第 2 步，共 3 步"对话框。

3）需要转换的数据没有分隔符号，在这里依然保持默认状态，不做任何的选择和改变。

4）在"文本分列向导-第 3 步共 3 步"中的"列数据格式"中，选择日期"YMD"，如图 4-19 所示，单击"完成"按钮，完成不规范数据向规范的日期型数据的转换。

表 4-6 不规则的日期数据

日期
20200101
2020.01.02
20.1.5
2020.1.4
2020.01

●图 4-18 分列显示

●图 4-19 文本内容设置

通过上述操作，可以将不正规的日期格式，快速转化成标准的日期格式，得到如图 4-20 所示的结果。

4.2.5 特殊数据分列

	A	B
44	日期	日期格式
45	20200101	2020/1/1
46	2020.01.02	2020/1/2
47	20.1.5	2020/1/5
48	2020.1.4	2020/1/4
49	2020.01	Jan-20

●图 4-20 结果展示

特殊情况下，数据中不存在分隔符号同时数据宽度也不一致。当数据以某个特殊的文字进行连接时，可以通过替换功能，将文字替换成符号，再通过"分隔符号"进行分列。比如所在地区经常以类似"陕西省西安市新城区"的形式进行展示。此时可以将"省"与"市"等词语替换成符号进行分列。

【案例4-7】 特殊符号分列。

表4-7为球队比赛场次，表中数据宽度不一致而且不存在分隔符号，现在需要将两支队伍进行分列，如何进行操作呢？

1）选择"场次"列单元格或单元格数据区域，按快捷键〈Ctrl+F〉打开"查找与替换"对话框。在"查找内容"处输入"VS"；在"替换为"处输入逗号，单击"全部替换"按钮，如图4-21所示，对数据内容进行修改。

表4-7　球队比赛

场　　次	球队1	球队2
新奥尔良黄蜂队 VS 克利夫兰骑士队		
亚特兰大老鹰队 VS 印第安纳步行者队		
华盛顿奇才队 VS 波士顿凯尔特人队		
奥兰多魔术队 VS 芝加哥公牛队		
迈阿密热火队 VS 休斯敦火箭队		

●图4-21　替换内容

2）选择"场次"列单元格或单元格数据区域，单击"数据"选项卡，在"数据工具"功能组下选择"分列"选项，出现"文本分列向导-第1步，共3步"对话框。选择"分隔符号"，单击"下一步"按钮，如图4-22所示。

3）进入"文本分列向导-第2步，共3步"对话框。勾选"逗号"，此时在"数据预览"处，已经将数据分列完成。单击"下一步"按钮，如图4-23所示。

4）进入"文本分列向导-第3步，共3步"对话框，选择"目标区域"，选择"队伍1"列单元格，此时在"数据预览"处得到数据分列的结果，单击"完成"按钮，如图4-24所示。

●图4-22　文本分列向导-第1步　　●图4-23　文本分列向导-第2步　　●图4-24　结果选择

通过上述步骤，可以将一些不规整的数据迅速拆分开，得到如图4-25所示的结果。

●图4-25　结果展示

4.3　数据的合并与拆分整理

上一节中数据的拆分主要是根据数据的分列功能来进行处理的，要求数据源包含相应的符号或者是包含相应的规律，但是通常得到的数据是毫无规律的，此时分列功能就无能为力了。

数据导入进来后，经常会出现多个信息合并在一列的问题，那么如何将这些信息进行拆分呢？当需要将多列信息快速合并为一列信息时，如何快速进行信息的合并呢？此时可以通过快捷键〈Ctrl+E〉进行合并与拆分处理。

4.3.1 快速拆分处理

数据导入进来后，可能经常会碰到一列单元格中包含了文本与数字两类信息，此时为了将信息拆分开，可以通过快捷键〈Ctrl+E〉进行处理。

【案例 4-8】快速拆分。

图 4-26 中的数据为员工的名字及其对应的号码，现在需要将员工的名字和号码拆分开，如何快速进行拆分？

1）在名字以及号码下第一个单元格中输入正确的结果，如图 4-27 所示。

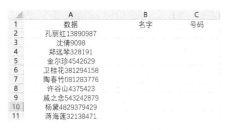

●图 4-26　合并数据

●图 4-27　首行拆分

2）选择"名字"列数据，按快捷键〈Ctrl+E〉，即可实现数据的快速填充，如图 4-28 所示。

3）选择"号码"列数据，按快捷键〈Ctrl+E〉，操作结果如图 4-29 所示，此时就可以将文本与数字快速拆分开了。

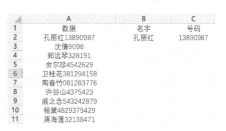

●图 4-28　文本列结果

●图 4-29　数字列结果

4.3.2 快速合并处理

当进行数据分析时，经常会遇到要快速合并两列信息的情况，此时可以通过符号将两列信息合并起来，比如现在有名字"孔丽红"以及号码"13890987"，需要将两列信息进行合并，得到"孔丽红-13890987"，如何进行信息的快速合并呢？可以通过两种办法进行合并，一种方法是使用连接符 "&"，另一种方法是使用快捷键〈Ctrl+E〉。

【案例4-9】快速合并。

图4-30中显示了员工的名字及其对应的号码，现在需要将员工的名字和号码进行快速合并，数据通过符号 "–" 进行区分，如何实现信息的快速合并？

快捷键方法的步骤：在 "信息合并" 下的单元格中输入 "孔丽红–13890987"，选择 "信息合并" 列数据，按快捷键〈Ctrl+E〉，即可实现数据的快速合并，得到如图4-31所示的结果。

	F	G	H
1	名字	号码	信息合并
2	孔丽红	13890987	
3	沈倩	9098	
4	郑远琴	328191	
5	金尔珍	4542629	
6	卫桂花	381294158	
7	陶春竹	81283776	
8	许谷山	4375423	
9	戚之念	543242879	
10	杨黛	4829379429	
11	蒋海莲	32138471	

●图4-30　信息合并

连接符方法的步骤：通过公式进行数据的快速合并，在 "信息合并" 列输入公式 " =K2&"–"&L2"，即可实现信息的快速合并，操作结果如图4-32所示。

	F	G	H
1	名字	号码	信息合并
2	孔丽红	13890987	孔丽红-13890987
3	沈倩	9098	沈倩-9098
4	郑远琴	328191	郑远琴-328191
5	金尔珍	4542629	金尔珍-4542629
6	卫桂花	381294158	卫桂花-381294158
7	陶春竹	81283776	陶春竹-81283776
8	许谷山	4375423	许谷山-4375423
9	戚之念	543242879	戚之念-543242879
10	杨黛	4829379429	杨黛-4829379429
11	蒋海莲	32138471	蒋海莲-32138471

●图4-31　快捷键方法合并结果

	K	L	M
1	名字	号码	信息合并
2	孔丽红	13890987	孔丽红-13890987
3	沈倩	9098	沈倩-9098
4	郑远琴	328191	郑远琴-328191
5	金尔珍	4542629	金尔珍-4542629
6	卫桂花	381294158	卫桂花-381294158
7	陶春竹	81283776	陶春竹-81283776
8	许谷山	4375423	许谷山-4375423
9	戚之念	543242879	戚之念-543242879
10	杨黛	4829379429	杨黛-4829379429
11	蒋海莲	32138471	蒋海莲-32138471

●图4-32　连接符方法合并结果

4.3.3　快速添加符号

快捷键〈Ctrl+E〉还有哪些功能呢？图4-33中是一些书的名字，现在想为这些书添加书名号，比如将统计学，变成《统计学》。

现在只有少数的书名，可以手动进行添加，但当数据量大时，这就是一些无用的重复性工作。利用快捷键〈Ctrl+E〉，只需要添加一个书名号，即可轻轻松松解决问题。

步骤：在 "加书名号" 下单元格中输入 "《统计学》"，选择 "加书名号" 列数据，按快捷键〈Ctrl+E〉，即可实现数据的快速合并，得到如图4-34所示结果。

	A	B
17	图书	加书名号
18	统计学	
19	python基础教程	
20	数据挖掘导论	
21	统计学导论	
22	时间序列分析	
23	童年	

●图4-33　添加书名号

	A	B
17	图书	加书名号
18	统计学	《统计学》
19	python基础教程	《python基础教程》
20	数据挖掘导论	《数据挖掘导论》
21	统计学导论	《统计学导论》
22	时间序列分析	《时间序列分析》
23	童年	《童年》

●图4-34　结果展示

4.4　员工能力信息排序

排序是 Excel 数据处理中最常用的技巧之一。它可以帮助人们迅速查找到数据的最大值或者最小值，可以使毫无规律的数据迅速变得有序，同时也是分类汇总、制作有序图表的基础。还可以帮助读者理清思路，掌握主次，发现数据中的特征和规律。Excel 不仅可以对数字进行排序，还可以根据单元格颜色、笔画进行排序，甚至还可以自定义排序。

【案例 4-10】员工能力排序。

表 4-8 为预备干部能力信息展示，根据表 4-8 实现各类排序功能。

表 4-8　预备干部能力信息

姓名	部门	专业知识	协调能力	沟通能力	执行能力	总分
卫朱婷	数据部	63	76	87	95	321
蒋雪倩	人事部	97	73	83	76	329
万枝	研发部	98	88	72	81	339
李绮菱	研发部	76	85	85	76	322
杨燕	财务部	77	89	64	55	285
曹书同	财务部	100	86	94	70	350
孔凡	数据部	85	61	68	56	270
韩娟	行政部	94	68	95	56	313
秦桂花	行政部	75	86	52	52	265
孙名媛	销售部	50	70	96	70	286
何太红	数据部	50	79	100	80	309
郑仪	销售部	87	73	97	58	315
戚妍	销售部	70	64	74	74	282
朱昌玉	数据部	73	67	59	94	293

4.4.1　快速排序

Excel 提供的排序方式以及规则有很多，如果只需要根据某一列的数字或者文本进行简单的排序时，可以采用快速排序迅速得到结果。对于数字的排序主要根据数值的大小进行排列，对于文本的排序主要根据英文字母的顺序进行排序。

如何快速根据总分进行数据的排列，找到排名前 3 的预备干部？

步骤：单击数据区域的"总分"单元格。在"数据"选项卡下，单击"筛选和排序"功能组→"降序"按钮，如图 4-35 所示。

注："A→Z"为升序排列；"Z→A"为降序排列。

通过快速排序，可以对总分进行数据的排列，操作结果如图 4-36 所示。通过快速降序,可以快速找到总分前三名预备干部的信息以及分数。

	A	B	C	D	E	F	G
19	姓名	部门	专业知识	协调能力	沟通能力	执行能力	总分
20	曹书同	财务部	100	86	94	70	350
21	万枝	研发部	98	88	72	81	339
22	蒋雪倩	人事部	97	73	83	76	329
23	李绮菱	研发部	76	85	85	76	322
24	卫朱婷	数据部	63	76	87	95	321
25	郑仪	销售部	87	73	97	58	315
26	韩娟	行政部	94	68	95	56	313
27	何太红	数据部	50	79	100	80	309
28	朱昌玉	数据部	73	67	59	94	293
29	孙名媛	销售部	50	70	96	70	286
30	杨燕	财务部	77	89	64	55	285
31	戚妍	销售部	70	64	74	74	282
32	孔凡	数据部	85	61	68	56	270
33	秦桂花	行政部	75	86	52	52	265

●图 4-35　排序与筛选　　　　　　　　　　　　●图 4-36　排序结果

4.4.2　单一条件排序

工作中,为了突出重点,经常会将重点的数据标注出来,比如改变单元格的颜色、改变文字的颜色。这些重点数据往往不会集中出现,那么在分析过程中,如果可以将分散在数据表不同位置的重点数据采用排序的方法进行集中,可以减轻人们处理数据的压力。

在单一条件下排序时,Excel 提供了以下几种方法。

● 按照数值进行排序(默认方式)。

● 按照单元格颜色排序。

● 按照字体颜色进行排序。

● 按照单元格图标进行排序。

在各个部门中,现在数据部的预备干部是需要引起重视的数据,且数据部的数据单元格均标注了黄色。如何将数据部的数据排列在前面呢?

1)单击数据区域的任一单元格,在"数据"选项卡下,单击"筛选和排序"功能组"排序"按钮,出现"排序"对话框,如图 4-37 所示。

2)在"主要关键字"处选择"部

●图 4-37　排序规则

门",在"排序依据"处选择"单元格颜色",在"次序"处选择黄色,选择"在顶端",如图 4-38 所示,单击"确定"按钮。

此时数据就根据颜色进行排序,其中黄色单元格排序在上面,而未标注颜色的单元格排在黄色单元格的下方。排序结果如图 4-39 所示。

上述案例中,按照单元格颜色进行了排序,当各个数据的单元格颜色相同,但是单元格字体的颜色不同时,可以按照"字体颜色"进行排序。不过,分析过程中,面临的情况可能多种多样,比如需要按"部门"字段列内容的笔画或者姓名的笔画来进行排序,Excel同样也提供了相应的操作方法来进行操作。

● 图 4-38　颜色排序　　　　　　　　● 图 4-39　排序结果

如何按照员工的姓名笔画进行排序？

1）单击数据区域的任一单元格，在"数据"选项卡下，单击"筛选和排序"功能组"排序"按钮，出现"排序"对话框。在"主要关键字"处选择"姓名"，在"排序依据"处选择"数值"，在"次序"处选择"升序"，如图 4-40 所示。

● 图 4-40　姓名排序

2）单击"排序"对话框→"选项"按钮，出现"排序选项"对话框，在"方法"处选择"笔画排序"，如图 4-41 所示，单击"确定"按钮。

3）单击"排序"对话框→"确定"按钮，通过上述操作可以得到如图 4-42 所示的结果，在 A 列，可以看出员工姓名按照笔画进行了排序。

● 图 4-41　设置笔画　　　　　　　● 图 4-42　排序结果

4.4.3　多个条件排序

Excel 不仅可以对单列数据进行排序，还可以对多列数据进行多条件排序。工作中，当需要在某一排序条件下对另一条件进行排序时，可以采用多条件排序。

按照部门的分类进行排序，在部门分类相同的条件下，根据总分的大小进行排序，在总分相同的条件下，再根据专业知识进行排序。

1）单击数据区域的任一单元格，在"数据"选项卡下，单击"筛选和排序"功能组

→"排序"按钮，出现"排序"对话框，单击"添加条件"按钮，为排序再添加两个排序规则，如图4-43所示，其中"主要关键字"为排序的第一层级，字段的重要性依次往下排列。

2）单击"选项"按钮，出现"排序选项"对话框，"方法"改为按照"字母排序"，如图4-44所示。对于排序选项，默认按照字母排序，当进行笔画排序时，可以选择笔画排序，但是在下次排序时，需要进行修改，将排序顺序再改成按照字母排序。

图4-43　多条件排序　　　　　　　　　　　图4-44　排序选项

3）按照排序规则进行设置，在"主要关键字"处选择"部门"，"排序依据"为"数值"，"次序"为"升序"；在第二行的"次要关键字"处选择"总分"，"排序依据"为"数值"，"次序"为"升序"；在第三行的"次要关键字"处选择"专业知识"，"排序依据"为"数值"，"次序"为"升序"，如图4-45所示，单击"确定"按钮。

通过三重条件的排序规则就可以对数据进行排序整理，得到如图4-46所示的结果。

图4-45　排序方式　　　　　　　　　　　图4-46　排序结果

4.4.4　其他排序

除了按照数值大小、文本、笔画和单元格颜色排序以外，Excel还提供了一种自定义的排序规则。排序之前，在Excel自定义列表处，添加新的自定义序列，这样可以使得排序按照已定义的顺序进行排列。

表4-9中的数据为某公司一些员工的职级以及工资等级，现在需要按照职级序列对数据进行排序。

1）选择数据源区域的任意单元格，在"数据"选项卡下，单击"筛选和排序"功能组→"排序"按钮，出现"排序"对话框，如图4-48所示。

2）在"主要关键字"处选择"职级"，在"次序"处选择"自定义序列"，进入"自定义序列"对话框，如图 4-48 所示。

表 4-9 员工职级以及工资等级信息

姓名	职级	工资等级	职级序列
靳谷山	副总经理	80000	总经理
朱静	职员	8000	副总经理
钱寻文	部长	60000	部长
金园	总经理	100000	副部长
王寒	部长	60000	科长
王世兰	副部长	40000	副科长
蒋香秀	副科长	10000	职员
尤芸	部长	60000	
戚聪	副科长	10000	
华迎春	副部长	40000	
朱君	科长	20000	
朱美丽	科长	20000	
吴招弟	科长	20000	
冯舒	副科长	10000	
杨艳	部长	60000	
陈溶艳	职员	8000	
尤婕	部长	60000	
吴优优	科长	20000	

●图 4-47 排序对话框

●图 4-48 自定义序列

3）在"输入序列"处，依次输入"职级"序列，单击"确定"按钮，如图 4-49 所示，"自定义序列"便会出现职级序列。

4）此时，次序由"自定义序列"变成职级等级。单击"确定"按钮。此时在"次序"处出现了职级的两种排序规则，可以选择从总经理到职员的排序，也可以选择从职员到总经理的排序，按照需求，选择从总经理到职员的排序，如图 4-50 所示，单击"确定"按钮。

●图 4-49 输入序列

●图 4-50 按照序列排序

通过排序规则与自定义序列的结合，即可将数据按照指定的序列进行排序，通过操作得到如图 4-51 所示的结果。

按照上述步骤操作，得到的排序结果为职级从小到大进行排序。当需要职级从大到小排列时，可以在"自定义排序"处单击下拉菜单，选择职级次序为从大到小即可，如图 4-52 所示。

●图 4-51　排序结果

●图 4-52　升序排序

4.5　销售情况信息筛选

日常工作中数据量总是比较大的，从数据中找出相应的规律以便进行下一步的分析，尤为困难。如何在海量数据中，快速找到需要的数据，是一项非常重要的工作。比如获取到一份数据时，数据中经常会出现一些重复的记录，这些重复记录影响了最终的数据汇总以及分析。为了保证数据最终统计的准确性，需要查找到某条件下的信息，将其删除掉，此时就可以采用数据的筛选功能。通过数据筛选功能，可以快速查找到符合条件的数据。

Excel 中，数据筛选可以分为自动筛选和高级筛选两种方式，这两种方式下，可以进行单一条件下的筛选以及多条件下的排序。通过这两种方式，将会实现如下功能。

- 按照文本筛选。
- 按照日期筛选。
- 按照数字筛选。
- 按照颜色筛选。
- 按照多条件筛选。

【案例 4-11】销售统计筛选。

表 4-10 为销售数据统计表，通过筛选功能实现对销售信息的深入分析。

表 4-10　销售数据统计表

日　　期	名　　称	店　　面	销 售 员	数　量	单　价	金　额
2020/3/1	毛衣	店铺一	吕明露	6	120	720
2020/3/3	衬衫	店铺一	吕明露	6	284	1704

（续）

日　　期	名　　称	店　　面	销售员	数　　量	单　　价	金　　额
2020/3/5	围巾	店铺二	褚世元	6	145	870
2020/3/6	裙子	店铺一	孔胜珍	6	250	1500
2020/3/7	毛衣	店铺一	吕明露	5	163	815
2020/3/8	衬衫	店铺二	孔云霏	3	110	330
2020/3/9	围巾	店铺一	褚世元	4	211	844
2020/3/10	裙子	店铺三	孔胜珍	6	284	1704
2020/3/11	毛衣	店铺二	吕明露	3	175	525
2020/3/12	衬衫	店铺三	孔云霏	5	104	520
2020/3/13	围巾	店铺三	褚世元	3	118	354
2020/3/14	裙子	店铺二	孔胜珍	4	172	688
2020/3/15	毛衣	店铺一	吕明露	4	192	768
2020/3/16	衬衫	店铺三	孔云霏	5	222	1110
2020/3/17	围巾	店铺二	褚世元	4	297	1188
2020/3/18	裙子	店铺一	孔胜珍	5	167	835
2020/3/19	毛衣	店铺三	吕明露	10	238	2380
2020/3/20	衬衫	店铺二	孔云霏	10	265	2650
2020/3/21	围巾	店铺一	褚世元	3	207	621
2020/3/22	裙子	店铺三	孔胜珍	6	102	612
2020/3/23	毛衣	店铺二	吕明露	9	242	2178
2020/3/26	围巾	店铺二	褚世元	4	297	1188
2020/3/27	裙子	店铺一	孔胜珍	5	167	835
2020/3/28	毛衣	店铺三	吕明露	10	238	2380

4.5.1　文本筛选

在获取到的数据中，有些数据是数字，比如"销量""销售额"以及"利润"，也经常会碰到一些具有分类含义的文本，比如"产品类别""产品名称"等。当需要查找某一分类下的信息时，面对较大的数据量，一个一个查找将是一项大量且重复的工作。如何快速查找某个分类的信息，或者快速查找某位员工的全部销售记录，此时可以采用文本筛选的方法。

那么文本筛选在哪里呢？它包含了文本数据哪些方面的筛选呢？

1）单击数据区域的任意单元格，在"数据"选项卡下，单击"筛选和排序"功能组→"筛选"按钮，此时数据的首行字段出现了下拉按钮，如图 4-53 所示。

2）选择单元格格式为"文本"的数据列，比如"店面""销售员"，单击字段名称后面的下拉按钮，就可以对文本进行筛选，如图 4-54 所示。

●图 4-53　下拉按钮　　　　　　　　　　　　●图 4-54　文本筛选

对不同数据类型的数据进行筛选时，会出现不同的筛选条件。当对文本列数据进行筛选时，会出现文本筛选。在文本筛选下，又包含了多种方式的筛选。常见的筛选方式如表 4-11 所示。

文本筛选既可以在搜索栏处搜索相关内容，也可以设定条件进行筛选。直接在"文本筛选"下的搜索栏处输入搜索内容或者在文本筛选条件处筛选相应的条件均可以完成相关的操作。那么如何查找产品名称为"毛衣"的信息？

方法一：在文本筛选条件处进行数据的筛选。

1）选择"文本筛选"→"等于"选项，出现"自定义自动筛选方式"对话框，如图 4-55 所示。

表 4-11　文本筛选详解

文本筛选类型	含　义
等于	筛选出单元格值与筛选值完全相同的内容
不等于	筛选出单元格值与筛选值完全不相同的内容
开头是	查找以筛选值开头的内容
结尾是	查找以筛选值结尾的内容
包含	筛选单元格值中有部分字符与筛选值相同的内容
不包含	筛选单元格值中字符不包含筛选值的内容

●图 4-55　自定义筛选

2）在"等于"处，手动输入"毛衣"，单击"确定"按钮，如图 4-56 所示。

通过上述操作，即可得到信息均为"毛衣"的结果，操作结果如图 4-57 所示。

方法二：采用搜索栏处输入搜索内容的方式进行搜索。

步骤：单击"名称"的下拉按钮，在搜索框中输入"毛衣"，此时搜索框仅出现"毛衣"处于被勾选的状态，如图 4-58 所示，单击"确定"按钮，即可得到结果。

筛选完成后，查看了"毛衣"的基本信息后，现在想对经过筛选的数据取消筛选，使得数据恢复原本的展示形式。如何进行操作呢？单击数据区域的任意单元格，在"数据"选项卡下，单击"筛选和排序"功能组→"筛选"按钮。此时数据首行字段的下拉按钮已经消失，表明数据取消了筛选。

●图 4-56　内容填写

	A	B	C	D	E	F	G
1	日期	名称	店面	销售员	数量	单价	金额
2	2020/3/1	毛衣	店铺一	吕明露	6	120	720
6	2020/3/7	毛衣	店铺一	吕明露	5	163	815
10	2020/3/11	毛衣	店铺二	吕明露	3	175	525
14	2020/3/15	毛衣	店铺一	吕明露	4	192	768
18	2020/3/19	毛衣	店铺三	吕明露	10	238	2380
22	2020/3/23	毛衣	店铺二	吕明露	9	242	2178
25	2020/3/28	毛衣	店铺三	吕明露	10	238	2380

●图 4-58　搜索筛选

●图 4-57　结果展示

4.5.2　数字筛选

对数据进行汇总分析之前，首先要对数据有一个大致的了解，比如当需要了解排名前 10 的畅销商品；销售目标达标的销售人员名单；销售未达标的人员名单；高于平均值或者低于平均值的信息时，可以选择数字筛选进行信息提取。

如何进行数字筛选，数字筛选中又包含了哪些功能呢？

1）单击"筛选和排序"功能组→"筛选"按钮，为数据字段增加下拉按钮，操作结果如图 4-59 所示。

2）进行数字筛选，可以对单元格格式为"数字"的数据列，比如"数量""单价""金额"进行筛选，选择"金额"列，单击字段名称下面的下拉菜单。

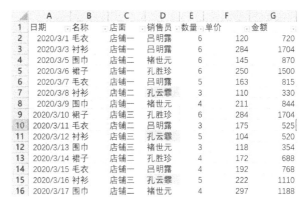

	A	B	C	D	E	F	G
1	日期	名称	店面	销售员	数量	单价	金额
2	2020/3/1	毛衣	店铺一	吕明露	6	120	720
3	2020/3/3	衬衫	店铺一	吕明露	6	284	1704
4	2020/3/5	围巾	店铺二	褚世元	6	145	870
5	2020/3/6	裙子	店铺一	孔胜珍	6	250	1500
6	2020/3/7	毛衣	店铺一	吕明露	5	163	815
7	2020/3/8	衬衫	店铺二	孔云霏	3	110	330
8	2020/3/9	围巾	店铺二	褚世元	4	211	844
9	2020/3/10	裙子	店铺三	孔胜珍	6	284	1704
10	2020/3/11	毛衣	店铺二	吕明露	3	175	525
11	2020/3/12	衬衫	店铺三	孔云霏	5	104	520
12	2020/3/13	围巾	店铺三	褚世元	3	118	354
13	2020/3/14	裙子	店铺二	孔胜珍	4	172	688
14	2020/3/15	毛衣	店铺一	吕明露	4	192	768
15	2020/3/16	衬衫	店铺三	孔云霏	5	222	1110
16	2020/3/17	围巾	店铺二	褚世元	4	297	1188

●图 4-59　下拉按钮

此时发现，筛选选项从"文本筛选"变成"数字筛选"，其中除了包含常用的"大于""小于"以及"等于"之外，还包含了"前 10 项""高于平均值"以及"低于平均值"，如图 4-60 所示。

如何查找销售金额排名前 5% 的员工信息？

1）选择"金额"列，单击下拉按钮，选择"数字筛选"→"前 10 项"选项，出现"自动筛选前 10 个"对话框，如图 4-61 所示。

● 图 4-60　数字筛选

● 图 4-61　自动筛选前 10 个

在排列方式中，"最大"表示为将"金额"数据从大到小排列，找出最大的前几项。如果需要将数据从小到大进行排列，选择最小的前几列，可以单击"最大"后面的下拉按钮，选择"最小"即可。

2）将数据调整到 5，将"项"改为"百分比"。此时表示找出前 5% 的数据，如图 4-62 所示，单击"确定"按钮。

通过上述操作，即可筛选出金额排布在前 5% 的数据，得到结果如图 4-63 所示。

● 图 4-62　百分比选项

● 图 4-63　结果展示

4.5.3　日期筛选

数据筛选时经常需要查看某段时间、某个月份、某个季度的数据。此时可以采用日期筛选进行数据的查看。日期筛选不仅可以筛选出确定的日期，还可以选择日期区间进行筛选。比如需要筛选 2020 年 1 月 1 日—12 月 31 日的订单数据或者筛选 2020 年第一季度的销售记录。

日期筛选主要是针对日期型字段进行的筛选，那么日期筛选包含了哪些功能呢？

1）单击"筛选和排序"功能组→"筛选"按钮，为数据字段添加下拉按钮。

2）单击"日期"字段的下拉按钮，此时便出现了"日期筛选"选项，如图 4-64 所示。Excel 会根据数据的内容修改筛选方式，比如对于文本型数据，显示的结果是文本筛选，数字数据，显示的结果是数值筛选；日期型数据，显示的结果为日期筛选。

对于日期的筛选，可以选择"等于"来筛选某一具体日期下的数据；可以采用"之前"或者"之后"筛选某一日期之前或之后的全部数据；还可以根据周、月、季度、年的方式对数据进行查找，日期型数据的筛选方式如图 4-65 所示。

● 图 4-64　日期筛选　　　　　　　　● 图 4-65　日期筛选方式

如何查找 2020 年 3 月 1 日—15 日之间的数据？

1）选择"日期筛选"→"介于"选项，出现"自定义自动筛选方式"对话框，如图 4-66 所示。

2）"在以下日期之后或与之相同"处输入日期范围的最小值，即"2020/3/1"。"在以下日期之前或与之相同"处输入日期范围的最大值，即"2020/3/15"，如图 4-67 所示，单击"确定"按钮。

● 图 4-66　日期筛选　　　　　　　　● 图 4-67　输入范围

通过上述日期数据的筛选方式，可以筛选出 2020 年 3 月 1 日—15 日的数据，得到如图 4-68 所示的结果。

	A	B	C	D	E	F	G
1	日期	名称	店面	销售员	数量	单价	金额
2	2020/3/1	毛衣	店铺一	吕明露	6	120	720
3	2020/3/3	衬衫	店铺一	吕明露	6	284	1704
4	2020/3/5	围巾	店铺二	褚世元	6	145	870
5	2020/3/6	裙子	店铺一	孔胜珍	6	250	1500
6	2020/3/7	毛衣	店铺一	吕明露	5	163	815
7	2020/3/8	衬衫	店铺二	孔云霏	3	110	330
8	2020/3/9	围巾	店铺二	褚世元	4	211	844
9	2020/3/10	裙子	店铺三	孔胜珍	6	284	1704
10	2020/3/11	毛衣	店铺二	吕明露	3	175	525
11	2020/3/12	衬衫	店铺三	孔云霏	5	104	520
12	2020/3/13	围巾	店铺三	褚世元	3	118	354
13	2020/3/14	裙子	店铺二	孔胜珍	4	172	688
14	2020/3/15	毛衣	店铺一	吕明露	4	192	768

● 图 4-68　结果展示

4.5.4 按颜色筛选

除了常见的文本、日期和数值筛选外，Excel 还可以通过颜色进行筛选。当在数据记录以及核对过程中，经常会对一些有待考察或者复查的数据进行颜色标注。当拿到类似的信息表时，可以通过修改或者删除来解决相应问题，比如需要筛选标记为黄色的异常销售记录。

当对标注颜色的列进行筛选时，筛选页面会自动出现"按颜色筛选"，可以选择标注颜色的数据，也可以选择无颜色的数据。

如何查找"销售员"列标注颜色的单元格的整列来进行数据检查？

1）单击"筛选和排序"功能组→"筛选"按钮，为数据字段添加下拉按钮。

2）单击"销售员"字段的下拉按钮。此时便出现了"按颜色筛选"，如图 4-69 所示。

3）选择"按颜色筛选"选项，此时出现单元格对应的颜色，如图 4-70 所示，选择黄色。

●图 4-69　颜色筛选　　　　　　●图 4-70　选择颜色

通过上述颜色筛选，得到如图 4-71 所示的结果，此时可以看到，数据单元格颜色均为黄色。

	A	B	C	D	E	F	G
1	日期	名称	店面	销售员	数量	单价	金额
7	2020/3/8	衬衫	店铺二	孔云霏	3	110	330
11	2020/3/12	衬衫	店铺三	孔云霏	5	104	520
15	2020/3/16	衬衫	店铺三	孔云霏	5	222	1110
19	2020/3/20	衬衫	店铺二	孔云霏	10	265	2650

●图 4-71　结果展示

4.5.5 特殊筛选

文本筛选可以采用搜索的方法进行筛选。搜索筛选的优势是不仅可以筛选文本，还可以筛选数字、日期。筛选过程中，可以使用通配符。通配符是 Excel 中常用的辅助符号。在筛选时，主要会借助两个通配符："？"和"＊"。通配符"？"是指一个数字占位符，通配符"＊"是指连续的不定个数占位符。常见的通配符应用如表 4-12 所示。

表 4-12 通配符的应用

通配符	含 义	实例	解 释
?	表示任意单个字符。有多少个"?"，就表示多少个字符	张?	以"张"开始的两个字符
		?张	以"张"结尾的两个字符
		张?三	以"张"开头，以"三"结尾的三个字符
＊	任意数量字符，匹配数量不受限制	＊丽	以"丽"结尾的字符，长度不受限制
		＊丽＊	包含"丽"的字符

使用通配符，可以帮助人们在搜索框进行快速搜索。上述的搜索方式不仅可以在搜索文本时使用，还可以在搜索数字时使用。

在原始数据的"金额"列，可以发现，数据有 3~4 位，现在想要搜索出 4 位数的金额数据。

1）单击"筛选和排序"功能组→"筛选"按钮，为数据字段添加下拉按钮。

2）单击"金额"字段的下拉按钮。在搜索框中输入"????"，如图 4-72 所示，单击"确定"按钮，即可得到结果。

通过通配符与筛选功能的联合使用，得到结果如图 4-73 所示。

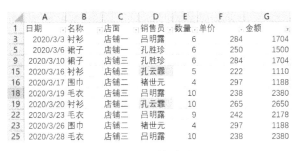

●图 4-72 通配符　　　　　●图 4-73 结果展示

4.5.6 多条件筛选

前面的使用中，均采用了单个条件下的筛选，那当遇到多个条件呢？日常工作中，经常会遇到下列问题。

1）如何快速筛选 50000 元以上销售业绩的人员信息？

2）如何筛选 50000 元以上 80000 元以下的销售业绩的人员信息？

3）如何快速筛选出第一季度 50000 元以上 80000 元以下的销售业绩的人员信息？

面对筛选条件的不断增加，如何进行多列信息的快速筛选呢？此时可以根据 Excel 提供的多条件进行筛选。

如何快速查找"店铺一"中，销售金额在 800~1000 之间的销售记录？

1）单击"筛选和排序"功能组→"筛选"按钮，为数据字段添加下拉按钮。

2）单击"金额"字段的下拉按钮。由于销售金额处于800~1000之间，因此选择"数值筛选"→"介于"选项，此时弹出"自定义自动筛选方式"对话框，如图4-74a所示。

3）筛选出"800~1000"之间的数据。在"大于或等于"中输入800，在"小于等于"中输入1000，如图4-74b所示，单击"确定"按钮。

此时得到的数据为"800~1000"之间的数据。接下来需要筛选出"店铺一"的数据。

4）单击"店面"字段的下拉按钮，在搜索框下，选择"店铺一"，如图4-75所示。

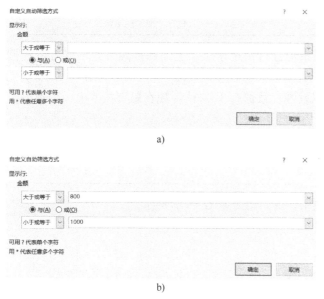

●图 4-74　多条件筛选数据　　　　　　　　　　　　　●图 4-75　搜索框
a）自定义自动筛选方式对话框　b）输入内容

通过数值筛选与搜索筛选，就可以轻松地进行多条件筛选，得到如图4-76所示的结果。

	A	B	C	D	E	F	G
1	日期	名称	店面	销售员	数量	单价	金额
6	2020/3/7	毛衣	店铺一	吕明露	5	163	815
8	2020/3/9	围巾	店铺一	褚世元	4	211	844
17	2020/3/18	裙子	店铺一	孔胜珍	5	167	835
24	2020/3/27	裙子	店铺一	孔胜珍	5	167	835

●图 4-76　结果展示

4.5.7　高级筛选

一般情况下，根据指定的值、颜色、数据范围以及多条件等筛选数据，就能满足需求。但当其条件过多时，进行筛选之后，结果都在原始数据中进行展示，无法切换位置，因而往往无法实现预期的目标。当需要自由选择筛选结果位置，而且筛选条件能在 Excel 单元格中进行展示时，必须掌握一定的"高级筛选"技巧。

高级筛选中的位置选择主要有如下两种方式。

- 在原有区域显示筛选结果。
- 将筛选结果复制到其他位置。

步骤：单击数据区域的任一单元格，单击"数据"选项卡→"排序和筛选"功能组→"高级"按钮，如图4-77所示。

●图4-77　高级筛选

在高级筛选中，可以实现如下功能。

- 不重复数据的筛选。
- 多条件范围的筛选。
- 单字段单条件筛选。
- 单字段多条件筛选。
- 多字段单条件筛选。
- 多字段多条件筛选。

如何筛选"店面"中"店铺二"和"店铺三"的记录？高级筛选需要通过两个步骤进行操作，首先需要在空白单元格表明条件，然后进行高级筛选。

思路：需要"店面"列单字段两个条件的查询。首先，在空白单元格写出条件，接下来采用高级筛选，即可完成。

1）在空白单元格标明条件，如图4-78所示，I列单元格中输入的是需要的条件。

	A	B	C	D	E	F	G	H	I
1	日期	名称	店面	销售员	数量	单价	金额		
2	2020/3/1	毛衣	店铺一	吕明露	6	120	720		店面
3	2020/3/3	衬衫	店铺一	吕明露	6	284	1704		店铺二
4	2020/3/5	围巾	店铺一	褚世元	6	145	870		店铺三
5	2020/3/6	裙子	店铺一	孔胜珍	6	250	1500		
6	2020/3/7	毛衣	店铺一	吕明露	5	163	815		
7	2020/3/8	衬衫	店铺一	孔云霏	3	110	330		
8	2020/3/9	围巾	店铺一	褚世元	4	211	844		
9	2020/3/10	裙子	店铺三	孔胜珍	6	284	1704		
10	2020/3/11	毛衣	店铺二	吕明露	3	175	525		
11	2020/3/12	衬衫	店铺三	孔云霏	5	104	520		
12	2020/3/13	围巾	店铺三	褚世元	3	118	354		
13	2020/3/14	裙子	店铺二	孔胜珍	4	172	688		
14	2020/3/15	毛衣	店铺二	吕明露	4	192	768		
15	2020/3/16	衬衫	店铺三	孔云霏	5	222	1110		
16	2020/3/17	围巾	店铺二	褚世元	4	297	1188		

●图4-78　条件设置

2）单击数据源中的任意单元格。单击"数据"标签→"排序和筛选"功能组→"高级"按钮，打开"高级筛选"对话框，"高级筛选"对话框如图4-79所示。

方式处主要为筛选结果的存放位置，有两种选择。选择"将筛选结果复制到其他位置"时，可以在"复制到"中选择数据存放地址，在这里一般选择的是空白单元格。"列表区域"为数据源区域，"条件区域"为步骤一填写的条件。

3）选择"将筛选结果复制到其他位置"，单击"条件区域"文本框后面的箭头，选择条件的区域。单击"复制到"文本框后面的箭头，选择数据存放的位置，单击"确定"按钮，如图4-80所示。

●图4-79 高级筛选　　　　　●图4-80 条件设置

在图4-80中，"选择不重复的记录"可以用来筛选不重复记录。使用这种方法删除的重复记录是指行内容完全相同的记录。通过上述操作可以得到如图4-81所示的结果。

	A	B	C	D	E	F	G
28	日期	名称	店面	销售员	数量	单价	金额
29	2020/3/5	围巾	店铺二	褚世元	6	145	870
30	2020/3/8	衬衫	店铺二	孔云霏	3	110	330
31	2020/3/10	裙子	店铺三	孔胜珍	6	284	1704
32	2020/3/11	毛衣	店铺二	吕明露	3	175	525
33	2020/3/12	衬衫	店铺三	孔云霏	5	104	520
34	2020/3/13	围巾	店铺三	褚世元	3	118	354
35	2020/3/14	裙子	店铺二	孔胜珍	4	172	688
36	2020/3/16	衬衫	店铺三	孔云霏	5	222	1110
37	2020/3/17	围巾	店铺二	褚世元	4	297	1188
38	2020/3/19	毛衣	店铺二	吕明露	10	238	2380
39	2020/3/20	衬衫	店铺二	孔云霏	10	265	2650
40	2020/3/22	裙子	店铺三	孔胜珍	6	102	612
41	2020/3/23	毛衣	店铺二	吕明露	9	242	2178
42	2020/3/26	围巾	店铺二	褚世元	4	297	1188
43	2020/3/28	毛衣	店铺三	吕明露	10	238	2380

●图4-81 结果展示

如何快速筛选"店面"为"店铺二"，"销售员"为"孔云霏"和"店面"为"店铺三"，"销售员"为"孔云霏"的相关记录？此时筛选条件继续增加。

1）在空白单元格标明条件，条件分布如图4-82所示，在"I7"单元格至"J9"单元格中填写条件。

	A	B	C	D	E	F	G	H	I	J
1	日期	名称	店面	销售员	数量	单价	金额			
2	2020/3/1	毛衣	店铺一	吕明露	6	120	720			
3	2020/3/3	衬衫	店铺一	吕明露	6	284	1704		店面	
4	2020/3/5	围巾	店铺二	褚世元	6	145	870		店铺二	
5	2020/3/6	裙子	店铺一	孔胜珍	6	250	1500		店铺三	
6	2020/3/7	毛衣	店铺一	吕明露	5	163	815			
7	2020/3/8	衬衫	店铺二	孔云霏	3	110	330		店面	销售员
8	2020/3/9	围巾	店铺一	褚世元	4	211	844		店铺二	孔云霏
9	2020/3/10	裙子	店铺三	孔胜珍	6	284	1704		店铺三	褚世元
10	2020/3/11	毛衣	店铺二	吕明露	3	175	525			
11	2020/3/12	衬衫	店铺三	孔云霏	5	104	520			
12	2020/3/13	围巾	店铺三	褚世元	3	118	354			
13	2020/3/14	裙子	店铺二	孔胜珍	4	172	688			
14	2020/3/15	毛衣	店铺二	吕明露	4	192	768			
15	2020/3/16	衬衫	店铺三	孔云霏	5	222	1110			
16	2020/3/17	围巾	店铺二	褚世元	4	297	1188			

●图4-82 条件设置

2）单击数据源中的任意单元格。打开"高级筛选"对话框。选择"将筛选结果复制到其他位置"，单击"条件区域"文本框后面的箭头，选择两个条件的区域，并为数据设置存放位置，单击"确定"按钮，如图 4-83 所示。

通过上述操作，就可以在空白的单元格中得到相应的结果展示，如图 4-84 所示。

● 图 4-83　条件填写

	A	B	C	D	E	F	G
46							
47	日期	名称	店面	销售员	数量	单价	金额
48	2020/3/8	衬衫	店铺二	孔云霈	3	110	330
49	2020/3/13	围巾	店铺三	褚世元	3	118	354
50	2020/3/20	衬衫	店铺二	孔云霈	10	265	2650

● 图 4-84　结果展示

4.6　自动填充功能

当需要在 Excel 的连续单元格中输入一些有规律的数据时，比如"1 月、2 月、3 月……""第一季、第二季、第三季、第四季""甲、乙、丙、丁……"等，可以利用 Excel 的自动填充功能来实现数据的快速录入。自动填充功能是 Excel 中最常用的功能，它的应用场景是：快速在单元格中输入一个有规律的序列。

自动填充功能是指利用单元格的填充手柄，通过对其双击或拖拽来对相邻单元格进行填充的操作。它可以准确无误地自动输入数据，还可以自定义自动填充的序列，大大提升了工作效率。

自动填充中，常见的填充类型主要有：填充数字、填充日期、填充星期、填充季度以及填充文本。

4.6.1　快速填充数字

当获取到一份数据后，经常需要为其添加序号，序号一般是从数字 1 开始，填充到数据的最后一行，用来标注数据的记录数。此时需要自动填充数字。

【案例 4-12】自动填充数字。

表 4-13 中展示了部分员工的基本信息，现在需要为该表添加相应的序号。

表 4-13　序号自动填充

序号	姓名	地区	出生日期	年龄	性别
	严大毅	湖南省	1987-02-10	34	女
	朱通发	内蒙古自治区	1965-03-11	56	女

（续）

序号	姓名	地区	出生日期	年龄	性别
	段和	吉林省	1978-04-13	43	女
	孔毕辉	新疆维吾尔自治区	1997-03-24	24	男
	蒋天才	吉林省	1994-07-22	27	男
	孙茜	湖北省	2002-08-23	19	女
	姜胜民	湖南省	1992-01-22	29	男
	卫子轩	内蒙古自治区	1998-10-14	23	男
	周志泽	河北省	1967-06-08	54	男
	时林	山西省	1999-09-18	22	男

1）在前两个单元格中，分别输入“1”和“2”，如图 4-85 所示。

自动填充数字

序号	姓名	地区	出生日期	年龄	性别
1	严大毅	湖南省张家界市桑植县	1987-02-10	34	女
2	朱通发	内蒙古自治区巴彦淖尔市临河区	1965-03-11	56	女
	段和	吉林省长春市德惠市	1978-04-13	43	女
	孔毕辉	新疆维吾尔自治区喀什地区英吉沙县	1997-03-24	24	男
	蒋天才	吉林省长春市宽城区	1994-07-22	27	男
	孙茜	湖北省孝感市应城市	2002-08-23	19	女
	姜胜民	湖南省郴州市桂东县	1992-01-22	29	男
	卫子轩	内蒙古自治区赤峰市巴林右旗	1998-10-14	23	男
	周志泽	河北省邯郸市曲周县	1967-06-08	54	男
	时林	山西省长治市屯留县	1999-09-18	22	男

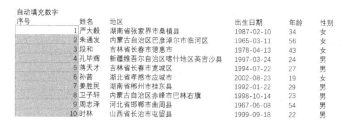

●图 4-85 输入内容

2）将鼠标放在单元格的右下角，待鼠标指针变为+时，拖拽鼠标至最后一个单元格，即可得到序列，结果如图 4-86 所示。

自动填充数字

序号	姓名	地区	出生日期	年龄	性别
1	严大毅	湖南省张家界市桑植县	1987-02-10	34	女
2	朱通发	内蒙古自治区巴彦淖尔市临河区	1965-03-11	56	女
3	段和	吉林省长春市德惠市	1978-04-13	43	女
4	孔毕辉	新疆维吾尔自治区喀什地区英吉沙县	1997-03-24	24	男
5	蒋天才	吉林省长春市宽城区	1994-07-22	27	男
6	孙茜	湖北省孝感市应城市	2002-08-23	19	女
7	姜胜民	湖南省郴州市桂东县	1992-01-22	29	男
8	卫子轩	内蒙古自治区赤峰市巴林右旗	1998-10-14	23	男
9	周志泽	河北省邯郸市曲周县	1967-06-08	54	男
10	时林	山西省长治市屯留县	1999-09-18	22	男

●图 4-86 自动填充数据

当填充完成单元格后，最后一个单元格的右下角将会出现“自动填充选项”。不同的数据类型填充数据时，自动填充选项会不同。根据需要，选择其中一个即可，在数字填充时，出现的选项如图 4-87 所示。

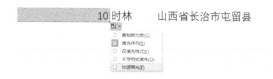

●图 4-87 自动填充选项

4.6.2 自动填充到指定序列

通过上述拖拽的方式可以快速填充数据到指定位置。但是，如果数据记录比较多，达到近 10 万条数据，此时再通过拖拽的方式，就很不明智。Excel 提供了序列选项卡，通过设置序列规律即可进行对数据的填写。

【案例 4-13】指定长度的自动填充。

表 4-14 中为获取到的某些员工的基本工资和奖金的记录信息，这些员工的员工编号为从 1 开始的奇数，如何快速填充员工编号呢？

表 4-14 员工编码信息

员工编号	姓 名	部门	基本工资	奖金
	冯彩霞	采购部	8000	5020
	沈桂	人事部	11000	5020
	魏黛	研发部	9000	5020
	钱艳红	财务部	7000	5320
	施叶	人事部	6000	5620
	陶桂花	人事部	5800	5020
	华成龙	销售部	6800	5320
	吴影	销售部	6500	5320
	卞琼琼	研发部	8000	5020
	杨甜	采购部	10000	5620
	卫胜珍	采购部	7900	5320
	秦旭	人事部	10500	5320
	冯南莲	财务部	5800	5020
	严碧香	销售部	7800	5320
	钱青	研发部	5000	5020
	华伊萍	财务部	6200	5020
	魏睿敏	财务部	6600	5620

1）将第一个员工编号输入为"1"，选中该单元格，单击"开始"选项卡，在"编辑"功能组中，单击"填充"命令，选择"序列"按钮，弹出的"序列"对话框中，如图 4-88 所示。

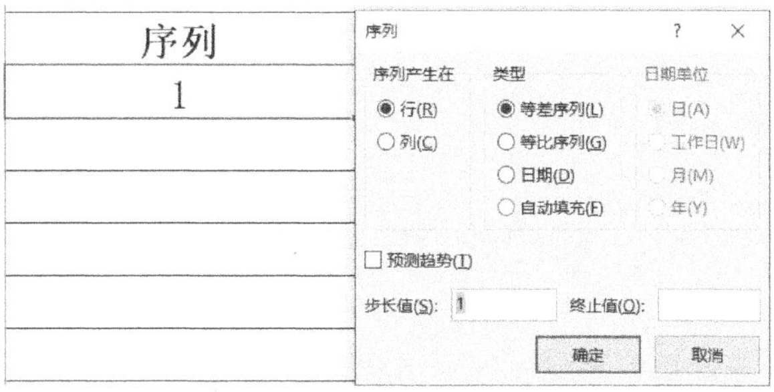

● 图 4-88 序列

2）在弹出的"序列"对话框中，"序列产生在"选择"列"，"类型"选择"等差序列"，"终止值"处输入"33"，单击"确定"按钮，如图4-89所示。

"序列产生在"选项下，当需要数据进行横向填充时，可以选择"行"，当数据需要进行纵向填充时，可以选择"列"。同时，在填充时，不仅能以步长为1的方式自动填充，还可以采用等差序列、等比序列的方式进行自动填充。通过步长的设置，可以更加精准的满足需求。

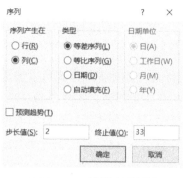

● 图4-89　设置序列规则

4.6.3　快速填充日期

除了数字的自动填充，在日常工作中，经常还需要进行日期的快速填充。例如，当需要记录2020年12个月的销售额时，此时需要自动填充月份。Excel进行快速填充日期可以分为：以天填充、以工作日填充、以月填充、以年填充。

快速填充日期与快速填充数字操作一致。选中单元格，把指针移动到单元格右下角，当指针变成黑色的"+"形状时，按住鼠标左键不放向下拖拽即可得到序列的自动填充。

【案例4-14】完成日期的填充。

表4-15中，统计到2020年1月1日～15日之间某位员工工作日的销售额，如何在"工作日"列中输入相应的日期呢？

1）在第一个单元格中，输入"2020/1/1"，如图4-90所示。

2）将鼠标放在单元格的右下角，待指针变为+时，拖拽鼠标至最后一个单元格，此时发现，日期为"以天填充"，如图4-91所示。

表4-15　销售额表

工作日	销售额
	42412
	89714
	92171
	33953
	47614
	90859
	47374
	37747
	47475
	37473
	89287

工作日	销售额
2020/1/1	42412
	89714
	92171
	33953
	47614
	90859
	47374
	37747
	47475
	37473
	89287

● 图4-90　输入日期序列

工作日	销售额
2020/1/1	42412
2020/1/2	89714
2020/1/3	92171
2020/1/4	33953
2020/1/5	47614
2020/1/6	90859
2020/1/7	47374
2020/1/8	37747
2020/1/9	47475
2020/1/10	37473
2020/1/11	89287

● 图4-91　日期自动填充

3）单击"自动填充选项"按钮，选择"以工作日填充"命令，如图4-92所示。

通过图 4-92，可以发现，在日期自动填充中，除了常规的项目之外，还出现了日期形式的填充，主要包含"以天数填充""以工作日填充""以月填充""以年填充"。具体可根据工作需要进行选择。

●图 4-92　以工作日填充

【案例 4-15】对月份进行快速的填充。

表 4-16 中为 2020 年 1 月~12 月各月的销量数据，如何对月份进行快速的填充？

1）在第一个单元格中，输入"2020 年 1 月"，具体结果如图 4-93 所示。

表 4-16　销售表

月　份	部　门	销　量
	销售一部	2734
	销售一部	2608
	销售一部	2933
	销售一部	2484
	销售一部	2465
	销售一部	2950
	销售一部	2673
	销售一部	2566
	销售一部	1925
	销售一部	2686
	销售一部	1797
	销售一部	2439

月份	部门	销量
2020年1月	销售一部	2734
	销售一部	2608
	销售一部	2933
	销售一部	2484
	销售一部	2465
	销售一部	2950
	销售一部	2673
	销售一部	2566
	销售一部	1925
	销售一部	2686
	销售一部	1797
	销售一部	2439

●图 4-93　日期输入

2）选中单元格，单击"开始"选项卡，在"编辑"功能组中，单击"填充"按钮，选择"序列"选项，进入序列对话框，如图 4-94 所示。

3）在弹出的"序列"对话框中，"序列产生在"选择"列"，"日期单位"选择"月"，"终止值"处输入"2020 年 12 月"，如图 4-95 所示，单击"确定"按钮即可得到结果。

●图 4-94　序列对话框

●图 4-95　序列设置

4.6.4　快速填充英文字母

前三小节中，通过 Excel 的自动填充功能，进行了数字与日期的自动填充。有顺序的序列，除了数字与日期之外，英文大小写字母同样也是，Excel 是否可以进行填充？可以通过

Excel 进行操作。

1）在前两个单元格中分别输入"A"与"B"。

2）将鼠标放在单元格的右下角，待鼠标指针变为+时，拖拽鼠标至最后一个单元格，具体结果如图 4-96 所示。

通过如图 4-96 的填充，可以发现，Excel 仅仅表现为复制单元格，且在"自动填充选项"按钮下，并不存在"填充序列"选项。大小写字符具体如何填充，可以通过公式来实现。

●图 4-96　大写字母

计算机中，每一个字符都有其对应的编码。例如，字符 A 的对应的编码为 65，大写字母 A～Z 对应的编码是 65～90；小写字母 a 对应的编码为 97，小写字符从 a～z 对应的编码是 97～122。CHAR 函数可以根据其参数的数字代码返回字符，即 CHAR(65)表示为大写字母 A。

因而，可以通过函数进行大小写字母的快速填充。在单元格中输入公式"= CHAR(ROW(A65))"，通过公式的快速填充即可得到大写字母序列。同理，小写字母的公式为"=CHAR(ROW(A97))"。

4.6.5　自定义填充序列

自动填充可以填充数字和日期，但是大小写字母却无法填充，原因是 Excel 有自定义序列，当序列包含在自定义序列中时，才可以进行序列的填充。面对这样的问题，可以通过编辑自定义序列的方式，添加工作中经常用到的序列，这样可以方便地处理工作中的重复性操作。

【案例 4-16】自定义填充序列。

假设人力资源师经常用到的序列为："应聘职位""渠道""邀约时间""简历结果""面试安排时间""备注"这样的序列。制作自定义序列。

1）在单元格中输入上述序列，结果如图 4-97 所示。

2）单击"文件"选项卡，选择"选项"选项，打开如图 4-98 所示的"Excel 选项"对话框。

●图 4-97　序列输入

●图 4-98　Excel 选项

3）选择"高级"选项卡，在"常规"下，单击"编辑自定义列表"按钮，如图 4-99 所示。

4）出现自定义序列对话框。在"自定义序列"选项卡下，展示的是 Excel 默认的填充序列，发现其中并没有大小写字母，这也验证了上一小节中的操作。在"从单元格中导入序列"处，用鼠标选择工作表区域的序列，单击"导入"按钮，如图 4-100 所示。

●图 4-99   自定义序列

●图 4-100   导入序列

5）此时，在列表的最下面，就能看到导入的列表，单击列表，就可以在"输入序列"处看到相应的列表，如图 4-101 所示。

6）在工作表的任一空白单元格，输入"应聘职位"。接下来采用快速填充数字方式，进行序列的快速填充，便可得到结果。此时在最后一个单元格下，出现了"自动填充序列"按钮，如图 4-102 所示，其中在序列下也出现了"填充序列"。

●图 4-101   导入

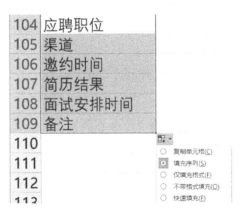

●图 4-102   自动填充自定义序列

4.6.6　带公式的填充功能

除了快速填充序列以及自定义填充序列，工作过程中还经常会遇到特殊的自定义序列。比如包含文本的数字填充、包含合并单元格的快速填充等。

【案例4-17】带公式的填充。

表4-17中为某公司员工的信息，员工的编号从"DAG-001"开始往下进行填充。现在需要对员工编号进行快速填充，那么如何快速填充员工编号？

表4-17　员工信息表

员工编号	姓名	地区	出生日期	年龄	性别
	严大毅	湖南省	1987-02-10	34	女
	朱通发	内蒙古自治区	1965-03-11	56	女
	段和	吉林省	1978-04-13	43	女
	孔毕辉	新疆维吾尔自治区	1997-03-24	24	男
	蒋天才	吉林省	1994-07-22	27	男
	孙茜	湖北省	2002-08-23	19	女
	姜胜民	湖南省	1992-01-22	29	男
	卫子轩	内蒙古自治区	1998-10-14	23	男
	周志泽	河北省	1967-06-08	54	男
	时林	山西省	1999-09-18	22	男

面对上述要求，采用公式进行文本与数字的拼接，即可完成数据的填充。

公式：="DAG-"&TEXT(ROW(A1),"000")

函数说明：TEXT函数表示将数值转化为所需要的文本格式。

TEXT函数的语法格式：TEXT(value,format_text)

注：value表示为数值。format_text表示为设置单元格格式中所要选用的文本格式。

4.7　条件格式的使用

所谓条件格式，就是为满足一定条件的一个或一组单元格设置特定的格式，如字体、字号、字体颜色、填充色等，是Excel常用的功能之一，可以突出满足某些条件的单元格或者单元格区域。在数据标记中具有很重要的用途。这个功能完美解决了快速可视化的功能。基础功能主要包括以下几个。

- 突出显示单元格规则。
- 数据条。
- 色阶。
- 图标集。

4.7.1　突出显示单元格规则

突出显示规则是按照约定的条件，将符合条件的单元格格式进行统一修改。

【案例 4-18】学生成绩信息突出显示。

如图 4-103 所示，这是一张班级的学科成绩单。为了在班会上展示，希望把不及格的成绩框标记颜色突出显示，以引起同学们的重视。这种情况下并不需要逐个格子手动填充颜色，Excel 的条件格式功能可以帮助用户瞬间标记出来。

迅速标出不及格的任务				
姓名	语文	数学	英语	理综	文综
陶亚萍	32	82	84	34	52
郑丽	61	78	44	65	57
鲁淑芬	97	90	64	66	69
孙梓涵	44	87	80	36	88
卫亚	65	81	63	74	53
钱醉薇	42	37	48	84	39
朱梦	53	79	61	57	87
施露	68	49	43	58	74
许香秀	67	47	39	90	75
闫晶	39	83	96	60	35

●图 4-103　全班成绩单

具体操作步骤如下。

1）选中成绩区域，选择"条件格式"→"突出显示单元格规则"→"小于"选项，如图 4-104 所示。

2）在"小于"对话框中填入"60"，设置为"浅红填充色深红色文本"。意思是将小于 60 的单元格填充为浅红色，文字变为深红色，如图 4-105 所示。

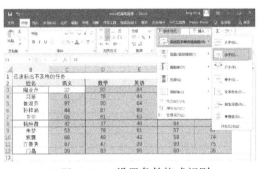

●图 4-104　设置条件格式规则

●图 4-105　设置条件格式效果

最后成果图如图 4-106 所示，凡是小于 60 的单元格都按"浅红填充色深红色文本"格式进行了统一标记。

迅速标出不及格的任务				
姓名	语文	数学	英语	理综	文综
陶亚萍	32	82	84	34	52
郑丽	61	78	44	65	57
鲁淑芬	97	90	64	66	69
孙梓涵	44	87	80	36	88
卫亚	65	81	63	74	53
钱醉薇	42	37	48	84	39
朱梦	53	79	61	57	87
施露	68	49	43	58	74
许香秀	67	47	39	90	75
闫晶	39	83	96	60	35

●图 4-106　突出显示规则效果图

4.7.2　色阶

针对大量的连续型数据，可以使用色阶映射规则。

【案例 4-19】食物热量色阶表。

如图 4-107 所示，这是一张食物热量表。如果不对本表进行处理，可能很难一眼看出食物热量的高低。或者说想找一些热量低的食物，很难一下在表中找出。这时就可以利用 Excel 条件格式中的色阶功能。热量显然是一个连续型变量，可以将其由低到高映射在一个色阶上，这样看起来就非常直观、方便了。

●图 4-107　食物热量表

具体操作步骤：选中热量区域，选择"条件格式"→"色阶"→"红-黄-绿色阶"选项，如图 4-108 所示。

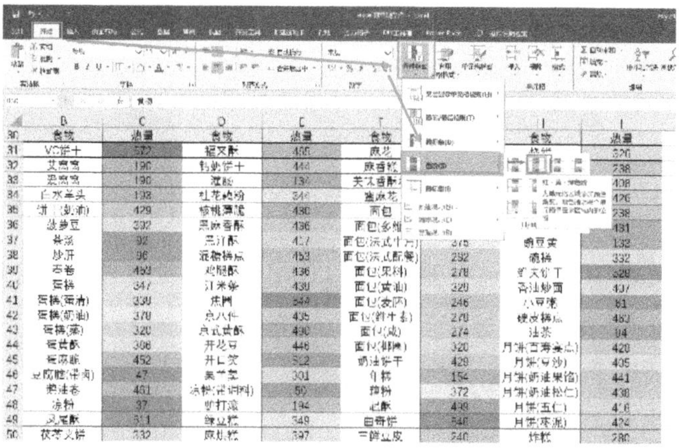

●图 4-108　条件格式色阶映射

Excel 按照热量的由高到低映射到"红-黄-绿色阶"上。在色阶条件格式可视化时，应当符合大众习惯，比如这个案例中，用绿色代表低热量、黄色代表热量中、红色代表高热量。

4.7.3 数据条

条件格式中的数据条有点类似于迷你图，可以用条形图简单、直接地反映出数据情况。

【案例4-20】不同年度销量差异数据条。

如图4-109所示，这是一张产品在同一个城市2019年和2020年两年的销售情况，如果在不另做图表的情况下如何体现同比差异呢？这时就可以用到条件格式中的数据条。

具体操作步骤如下。

1）做出差异辅助列，差异列计算方式为2020年数据减去2019年数据，即计算两年之间的差值，如图4-110所示。

	2019年	2020年
1月	19	219.6
2月	190	90
3月	82.8	178.6
4月	23.9	319.8
5月	320	158.8
6月	67.4	176.1
7月	400	211.9
8月	14.7	94.6
9月	62.9	233.4
10月	156	101.2
11月	81	264.8
12月	41.1	81.7

●图4-109　产品销售额表

	2019年	2020年	差异
1月	19	219.6	200.6
2月	190	90	-100
3月	82.8	178.6	95.8
4月	23.9	319.8	295.9
5月	320	158.8	-161.2
6月	67.4	176.1	108.7
7月	400	211.9	-188.1
8月	14.7	94.6	79.9
9月	62.9	233.4	170.5
10月	156	101.2	-54.8
11月	81	264.8	183.8
12月	41.1	81.7	40.6

●图4-110　差异辅助列

2）选中辅助列区域，选择"条件格式"→"数据条"选项，在"数据条"中选择一个颜色方案，如图4-111所示。

最后成果图如图4-112所示，通过数据条条件格式的设置，可以直观地看出每个月份同比是上升还是下降，在知道趋势的同时还可以继续看到具体的数值。比起单纯的数据展示，这个方案降低了阅读者的时间成本，

●图4-111　设置数据条条件格式

	2019年	2020年	差异
1月	19	219.6	200.6
2月	190	90	-100
3月	82.8	178.6	95.8
4月	23.9	319.8	295.9
5月	320	158.8	-161.2
6月	67.4	176.1	108.7
7月	400	211.9	-188.1
8月	14.7	94.6	79.9
9月	62.9	233.4	170.5
10月	156	101.2	-54.8
11月	81	264.8	183.8
12月	41.1	81.7	40.6

●图4-112　结果展示

4.7.4 使用公式确定要设置格式的单元格

【案例4-21】员工信息使用公式定义条件规则。

如图4-113所示，A2单元格利用数据验证功能，将下方表格中的姓名进行了可选项设

置。当选中其中一个名字时，对应这个名字的信息会在表格中标记出来。这是如何做到的呢？

具体操作步骤如下。

1）选中 A2 单元格，单击"数据验证"按钮，弹出"数据验证"对话框，如图 4-114 所示设置。

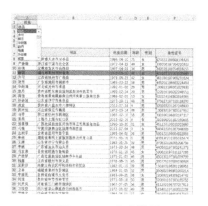
● 图 4-113　公式设置

● 图 4-114　数据验证设置

2）选择"开始"选项卡→"条件格式"→"新建规则"选项，如图 4-115 所示。

3）在"编辑格式规则"对话框中选择"使用公式确定要设置格式的单元格"，在"为符合此公式的值设置格式"处填写公式"=$A$2=$A7"，如图 4-116 所示。

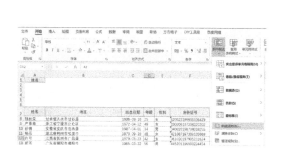
● 图 4-115　设置条件格式

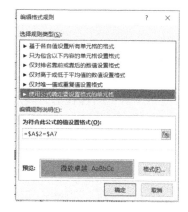
● 图 4-116　设置符合条件格式的公式

4.7.5　管理条件格式

一个工作簿可能随着使用，设置了非常多的条件格式规则。条件格式的规则不能用删除键或者撤销键取消。如何进行条件格式的管理呢？如图 4-117 所示，选择"开始"选项卡→"条件格式"→"管理规则"选项，打开"条件格式规则管理器"。在"条件格式规则管理器"中选择"当前工作表"会显示出这张工作表中的所有条件格式规则，如图 4-118 所示。

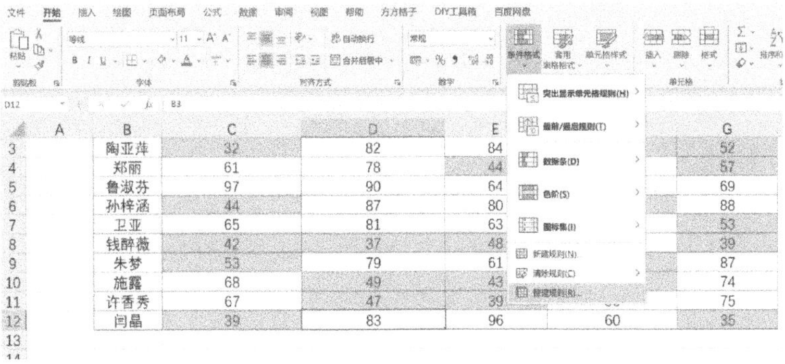

●图 4-117　条件格式管理规则

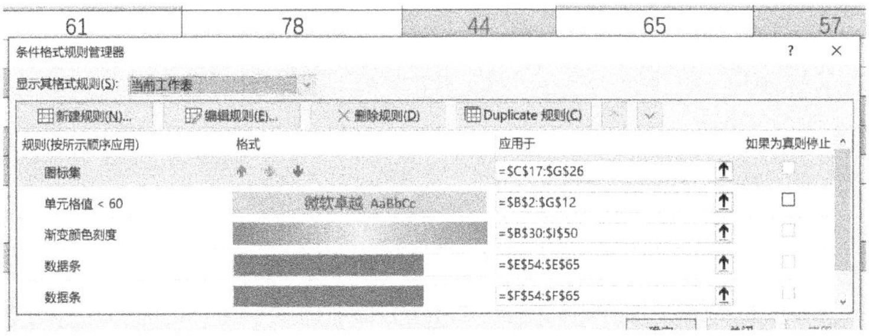

●图 4-118　条件格式规则管理器

在"条件格式规则管理器"中，除了新建规则外，还可以双击某一个规则进行规则的更改或者直接更改条件格式的作用范围，也可以选中某一个规则进行删除。

4.7.6　图标集

条件格式图标集是用本单元格的值与其他单元格的值比较来决定使用何种颜色或图标，通过不同的图标来区分数据大小。

【案例 4-22】学员成绩图标集展示。

在获得了学生成绩之后，需要快速标注出及格和不及格的成绩，根据图 4-103 进行成绩分布，假设 60 分及以上为合格，60 分以下为不合格。

具体步骤如下。

1）选择数据区域，选择"开始"选项卡→"条件格式"按钮→"新建规则"选项，如图 4-119 所示。

2）在"新建格式规则"对话框中选择"基于各自值设置所有单元格的格式"，"格式样式"选择"图标集"，"图标样式"选择"三色交通灯（无边框）"，"当值是"处设置为"＞＝""100"，"类型"为"数字"时，图标为绿色；"当＜100 且"处设置为"＞＝""60"，"类型"为"数字"时，图标为黄色，单击"确定"按钮，如图 4-120 所示。

●图 4-119　新建规则　　　　　　●图 4-120　新建格式规则

此时条件格式将 60 分以下和 60 分及以上进行了明显的对比区分，如图 4-121 所示。

姓名	语文		数学		英语		理综	文综	
陶亚萍	●	32	●	82	●	84	34	●	52
郑丽	●	61	●	78	●	44	65	●	57
鲁淑芬	●	97	●	90	●	64	66		69
孙梓涵	●	44	●	87	●	80	36		88
卫亚	●	65	●	81	●	63	74	●	53
钱醉薇	●	42	●	37	●	48	84	●	39
朱梦	●	53	●	79	●	61	57		87
施露	●	68	●	49	●	43	58		74
许香秀	●	67	●	47	●	39	90		75
闫晶	●	39	●	83		96	60	●	35

●图 4-121　图标集结果展示

4.8　表格美化

完成数据输入后，单元格内容格式往往呈现原始状态。当需要向用户呈现数据的重点信息或者通过图形色彩展示数据的信息时，原始状态就无法满足需求了。此时需要进行表格美化。制作一份漂亮的 Excel 表格，需要规范格式以及美化配色。

从系统中或者其他工作簿中，得到的表格往往如图 4-122 所示。

	A	B	C	D	E	F
1	员工编号	姓名	地区	出生日期	年龄	性别
2	DAG-001	严大毅	湖南省	1987-02-	34	女
3	DAG-002	朱通发	内蒙古自	1965-03-	56	女
4	DAG-003	段和	吉林省	1978-04-	43	女
5	DAG-004	孔毕辉	新疆维吾	2017-03-	4	男
6	DAG-005	蒋天才	吉林省	2004-07-	17	男
7	DAG-006	孙茜	湖北省	2002-08-	19	女
8	DAG-007	姜胜民	湖南省	2012-01-	9	男
9	DAG-008	卫子轩	内蒙古自	2018-10-	3	男
10	DAG-009	周志泽	河北省	1967-06-	54	男
11	DAG-010	时林	山西省	1999-09-	22	男

●图 4-122　表格展示

但是这样得到的表格信息往往显示不出重点，即这样的表格毫无特色，所以需要对图形进行美化。为了突出重点，可能会有人为一些数据列添加不同的颜色，如图4-123所示。

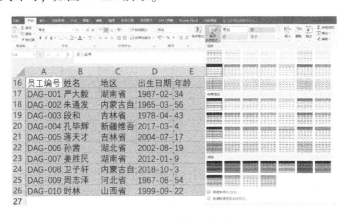

●图4-123　普通美化

这样的表格在观看者看来，同样没有任何特色。美化表格的目的是突出重点，而不是为每一列表格添加不同的颜色，那应该如何美化表格呢？

4.8.1　套用表格格式

对于表格美化，Excel提供了相应的功能，可以通过套用表格样式为单元格进行美化，通过这个功能，可以一键美化单元格。

步骤：选择数据区域，在"开始"选项卡→"样式"功能组→"套用表格样式"中，选择其中一种样式即可，如图4-124所示。

●图4-124　套用表格样式

通过上述操作，得到的结果如图4-125所示。

在"套用表格样式"中，会将数据字段标题进行重点标注，此时得到的图表比原始表格更加美观。套用表格样式便于阅读，通过设置不同的颜色，可以将数据列分隔开，而且可以帮助用户更加快速地输入数据，当需要计算时，只需要计算其中一个，就可以将所有单元格计算完成，同时方便进行数据的筛选与计算。

16	员工编号	姓名	地区	出生日期	年龄	性别
17	DAG-001	严大毅	湖南省	1987-02-10	34	女
18	DAG-002	朱通发	内蒙古自治区	1965-03-11	56	女
19	DAG-003	段和	吉林省	1978-04-13	43	女
20	DAG-004	孔毕辉	新疆维吾尔自治区	2017-03-24	4	男
21	DAG-005	蒋天才	吉林省	2004-07-22	17	男
22	DAG-006	孙茜	湖北省	2002-08-23	19	女
23	DAG-007	姜胜民	湖南省	2012-01-22	9	男
24	DAG-008	卫子轩	内蒙古自治区	2018-10-14	3	男
25	DAG-009	周志泽	河北省	1967-06-08	54	男
26	DAG-010	时林	山西省	1999-09-18	22	男

●图 4-125　结果展示

4.8.2　单元格样式设置

除了套用表格样式之外，如需自己手动美化单元格，则可以通过单元格样式进行设置。当获得的数据如图 4-126 所示时，首先调整数据类型，将日期型数据从"常规"调整为"日期"，将年龄数据从"文本"调整为"数字"。接下来再调整单元格的对齐方式，将数值型数据以及数据所在列表头设置为右对齐；将文本型数据以及数据所在列表头设置为左对齐。具体步骤如下。

1）修改"出生日期"与"年龄"列数据类型。对于"出生日期"列数据，可采用分列形式进行调整，对于"年龄"列，选择单元格数据，单击数据前的绿色小三角，选择"转化为数字"即可。结果如图 4-126 所示。

32	员工编号	姓名	地区	出生日期	年龄	性别
33	DAG-001	严大毅	湖南省	1987/2/10	34	女
34	DAG-002	朱通发	内蒙古自治区	1965/3/11	56	女
35	DAG-003	段和	吉林省	1978/4/13	43	女
36	DAG-004	孔毕辉	新疆维吾尔自治区	2017/3/24	4	男
37	DAG-005	蒋天才	吉林省	2004/7/22	17	男
38	DAG-006	孙茜	湖北省	2002/8/23	19	女
39	DAG-007	姜胜民	湖南省	2012/1/22	9	男
40	DAG-008	卫子轩	内蒙古自治区	2018/10/14	3	男
41	DAG-009	周志泽	河北省	1967/6/8	54	男
42	DAG-010	时林	山西省	1999/9/18	22	男

●图 4-126　数据类型设置

2）为数据添加添加唯一标识列，当阅读者拿到数据后，往往会看数据的量的大小，所以需要为数据添加记录数。在"员工编号"前插入一列"序号"，通过自动填充的方式为数据添加序号，序号列数据为居中对齐。结果如图 4-127 所示。

3）调节各列数据的对齐方式，将数据中的数值右对齐，文本左对齐，序号居中对齐，结果如图 4-128 所示。

4）为表格添加标题，通过表格标题，可以反映出此数据代表的信息。表格标题可以通过添加合并单元格、设置字体颜色以及加大字号的方式来突出显示。一般表格标题与表头颜色相同，结果如 4-129 所示。

	A	B	C	D	E	F	G
32	序号	员工编号	姓名	地区	出生日期	年龄	性别
33	1	DAG-001	严大毅	湖南省	1987/2/10	34	女
34	2	DAG-002	朱通发	内蒙古自治区	1965/3/11	56	女
35	3	DAG-003	段和	吉林省	1978/4/13	43	女
36	4	DAG-004	孔毕辉	新疆维吾尔自治区	2017/3/24	4	男
37	5	DAG-005	蒋天才	吉林省	2004/7/22	17	男
38	6	DAG-006	孙茜	湖北省	2002/8/23	19	女
39	7	DAG-007	姜胜民	湖南省	2012/1/22	9	男
40	8	DAG-008	卫子轩	内蒙古自治区	2018/10/14	3	男
41	9	DAG-009	周志泽	河北省	1967/6/8	54	男
42	10	DAG-010	时林	山西省	1999/9/18	22	男

●图 4-127　添加序号

	A	B	C	D	E	F	G
32	序号	员工编号	姓名	地区	出生日期	年龄	性别
33	1	DAG-001	严大毅	湖南省	1987/2/10	34	女
34	2	DAG-002	朱通发	内蒙古自治区	1965/3/11	56	女
35	3	DAG-003	段和	吉林省	1978/4/13	43	女
36	4	DAG-004	孔毕辉	新疆维吾尔自治区	2017/3/24	4	男
37	5	DAG-005	蒋天才	吉林省	2004/7/22	17	男
38	6	DAG-006	孙茜	湖北省	2002/8/23	19	女
39	7	DAG-007	姜胜民	湖南省	2012/1/22	9	男
40	8	DAG-008	卫子轩	内蒙古自治区	2018/10/14	3	男
41	9	DAG-009	周志泽	河北省	1967/6/8	54	男
42	10	DAG-010	时林	山西省	1999/9/18	22	男

●图 4-128　对齐方式设置

	A	B	C	D	E	F	G
32				员工信息表			
33	序号	员工编号	姓名	地区	出生日期	年龄	性别
34	1	DAG-001	严大毅	湖南省	1987/2/10	34	女
35	2	DAG-002	朱通发	内蒙古自治区	1965/3/11	56	女
36	3	DAG-003	段和	吉林省	1978/4/13	43	女
37	4	DAG-004	孔毕辉	新疆维吾尔自治区	2017/3/24	4	男
38	5	DAG-005	蒋天才	吉林省	2004/7/22	17	男
39	6	DAG-006	孙茜	湖北省	2002/8/23	19	女
40	7	DAG-007	姜胜民	湖南省	2012/1/22	9	男
41	8	DAG-008	卫子轩	内蒙古自治区	2018/10/14	3	男
42	9	DAG-009	周志泽	河北省	1967/6/8	54	男
43	10	DAG-010	时林	山西省	1999/9/18	22	男

●图 4-129　添加表格标题

5）为表格字体隔行填充颜色，首先为首行进行颜色设置，颜色设置要浅一些，同时选中第一行和第二行数据，使用格式刷将格式复制到表格其他区域，结果如图 4-130 所示。

	A	B	C	D	E	F	G
32				员工信息表			
33	序号	员工编号	姓名	地区	出生日期	年龄	性别
34	1	DAG-001	严大毅	湖南省	1987/2/10	34	女
35	2	DAG-002	朱通发	内蒙古自治区	1965/3/11	56	女
36	3	DAG-003	段和	吉林省	1978/4/13	43	女
37	4	DAG-004	孔毕辉	新疆维吾尔自治区	2017/3/24	4	男
38	5	DAG-005	蒋天才	吉林省	2004/7/22	17	男
39	6	DAG-006	孙茜	湖北省	2002/8/23	19	女
40	7	DAG-007	姜胜民	湖南省	2012/1/22	9	男
41	8	DAG-008	卫子轩	内蒙古自治区	2018/10/14	3	男
42	9	DAG-009	周志泽	河北省	1967/6/8	54	男
43	10	DAG-010	时林	山西省	1999/9/18	22	男

●图 4-130　填充颜色

6）取消网格线。单击"视图"选项卡，取消"网格线"的勾选。

7）为表格添加边框。一般情况下，设置时，同一层级的数据应使用相同粗细的边框效果，且边框颜色应设置为较淡颜色，比如灰色，结果如图 4-131 所示。

	A	B	C	D	E	F	G
32				员工信息表			
33	序号	员工编号	姓名	地区	出生日期	年龄	性别
34	1	DAG-001	严大毅	湖南省	1987/2/10	34	女
35	2	DAG-002	朱通发	内蒙古自治区	1965/3/11	56	女
36	3	DAG-003	段和	吉林省	1978/4/13	43	女
37	4	DAG-004	孔毕辉	新疆维吾尔自治区	2017/3/24	4	男
38	5	DAG-005	蒋天才	吉林省	2004/7/22	17	男
39	6	DAG-006	孙茜	湖北省	2002/8/23	19	女
40	7	DAG-007	姜胜民	湖南省	2012/1/22	9	男
41	8	DAG-008	卫子轩	内蒙古自治区	2018/10/14	3	男
42	9	DAG-009	周志泽	河北省	1967/6/8	54	男
43	10	DAG-010	时林	山西省	1999/9/18	22	男

●图 4-131　添加边框

通过上述不断操作，就可以将数据进行美化，此时得到的结果比原始数据美观，而且展示的信息更加丰富。

第 5 章

函数与公式

Excel 中提供的函数可快速处理大部分工作中的数据。到目前为止，函数总共有 400 个左右，并且还在不断增加。对于函数，每一种函数都有其各自的功能，掌握了函数的使用，将会减轻数据汇总以及数据分析带来的压力。很多读者朋友在学习函数之初，面对陌生的名称，密密麻麻的参数说明会感到畏惧。但其实，再难的事务都有他内在的章法。Excel 的函数也一样，一旦掌握了这个章法，函数也就不难学了。对于函数的学习，不需要对每一个函数都做到了如指掌。掌握工作中常用的函数，基本可以解决 98% 的实际问题。

本章主要讲解工作中常用的函数。大家如果在实际工作中遇到了无法解决的函数难题，可以查阅微软官网的支持文档，网址为 https://support.microsoft.com/zh-cn/excel。

5.1　认识 Excel 函数

Excel 中的函数是一种事先建立好的公式，它拥有固定的计算逻辑和参数类型。只需指定函数参数，即可按照调用的函数进行逻辑进行并显示结果。

函数一般由标识符、函数名和参数组成。如图 5-1 所示，"="为标识符，它表示调用函数。如果没有"="，函数公式会被当作文本处理，无法返回计算结果。函数名代表了函数的用途，如 SUM 代表求和，AVERAGE 代表求平均值，MIN 代表求最小值等。参数可以是数字、文本、逻辑值、数组、错误值、单元格引用或其他函数。图 5-1 中的"A1:A7"为单元格引用性参数。

●图 5-1　函数组成结构

函数也可以有多个参数，一般结构是：函数名（参数 1，参数 2，…）。但每个函数都只能返回一个计算结果。

5.2　常用函数应用

Excel 函数指的是 Excel 中的内置函数。Excel 函数共包含 11 类，分别是数据库、日期与时间、工程、财务、信息、逻辑、查询与引用、数学与三角函数、统计、文本以及用户自定义函数。常用的函数大致可以分为 6 大类：数学与三角函数、文本、统计、逻辑、日期与时间、查找与引用。每种函数都有其固定语法，只要掌握了语法的内在逻辑，对函数的应用一定会变得得心应手。

5.2.1　数学与三角函数

表 5-1 列举了一些常用的数学函数。INT 函数返回整型数据，其为向下取整。如 INT (-3.4) 的返回值为-4。INT(x) 可以求出一个不大于 x 的最大整数。

MOD 为求余函数，函数结构为 MOD(number,divisor)。number 表示被除数，divisor 表

示除数。如 MOD(10,3)返回值为 1。

ROUND 为四舍五入函数，其函数构成为 ROUND(number,decimals)。number 表示要四舍五入的数据，decimals 为要保留的小数位。如 ROUND(21.3456,3)，返回值为 21.346。

RAND 函数的返回值为一个大于等于 0 小于 1 的随机数。其没有参数，每次运行该函数，都会返回一个新值。

表 5-1　常用数学函数

函　数	功　能	数　值	公　式	结　果
INT()	取整	3.345	INT(3.345)	3
		-3.4	INT(-3.4)	-4
MOD()	求余数	10	MOD(10,3)	1
		100	MOD(100,3)	1
ROUND()	四舍五入	21.3456	ROUND(21.3456,3)	21.346
ABS()	取绝对值	-23.6	ABS(-23.6)	23.6
SQRT()	算术平方根	4	SQRT(4)	2
RAND()	产生随机数		RAND()	0.999244211

【案例 5-1】学生排座位。

假如需要对图 5-2 中的 22 名同学随机排座位。座位号为 1~22 的整数。

1）添加一列，字段命名为“辅助列”。

2）因为要随机排列，所以需要得到一组 1~22 的随机整数并填充到对应的学员座位号。在辅助列编辑函数=RAND()向下填充，得到一组随机数。

3）添加“座位号”字段。使用 RANK(number,ref,[order])函数，number 表示参与排名的数值，ref 表示排名范围，order 表示降序/升序（0 表示降序）。在座位号字段编辑函数“=RANK(B2,$B$2:$B$23)”，默认降序。“$B$2:$B$23”表示将排名范围锁定，按〈F4〉键即可将范围锁定，如图 5-3 所示。

4）向下填充，即可得到座位号，结果如图 5-4 所示。

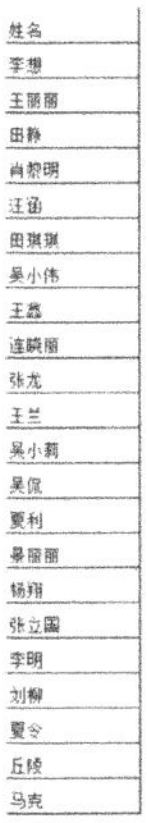

姓名
李想
王丽丽
田静
肖黎明
汪涵
田琪琪
吴小伟
王鑫
连晓丽
张龙
王兰
吴小莉
吴侃
夏利
景丽丽
杨翔
张立国
李明
刘柳
夏令
丘陵
马克

图 5-2　学员姓名

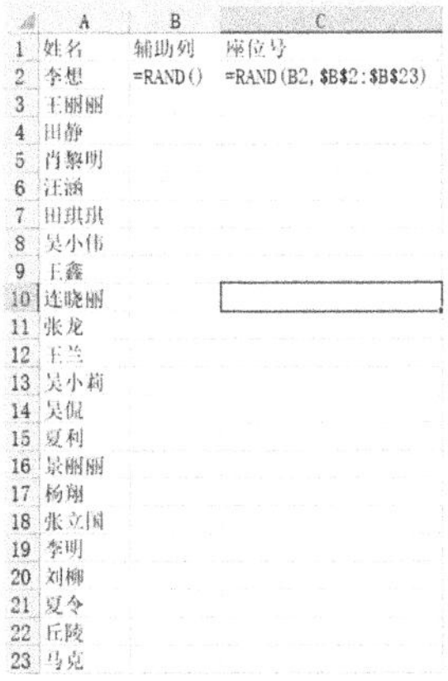

	A	B	C
1	姓名	辅助列	座位号
2	李想	=RAND()	=RAND(B2, $B$2:$B$23)
3	王丽丽		
4	田静		
5	肖黎明		
6	汪涵		
7	田琪琪		
8	吴小伟		
9	王鑫		
10	连晓丽		
11	张龙		
12	王兰		
13	吴小莉		
14	吴侃		
15	夏利		
16	景丽丽		
17	杨翔		
18	张立国		
19	李明		
20	刘柳		
21	夏令		
22	丘陵		
23	马克		

图 5-3　排位公式编辑

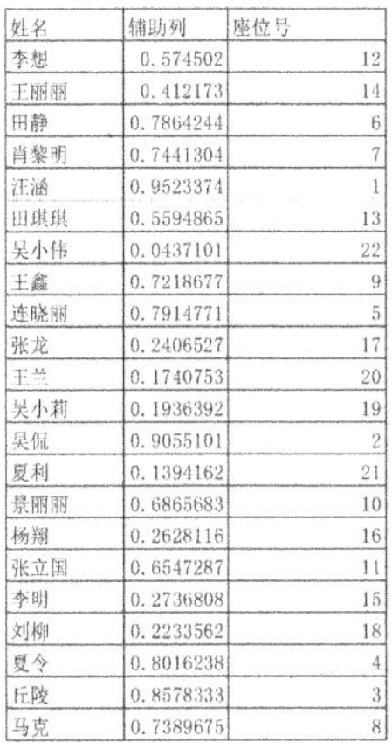

姓名	辅助列	座位号
李想	0.574502	12
王丽丽	0.412173	14
田静	0.7864244	6
肖黎明	0.7441304	7
汪涵	0.9523374	1
田琪琪	0.5594865	13
吴小伟	0.0437101	22
王鑫	0.7218677	9
连晓丽	0.7914771	5
张龙	0.2406527	17
王兰	0.1740753	20
吴小莉	0.1936392	19
吴侃	0.9055101	2
夏利	0.1394162	21
景丽丽	0.6865683	10
杨翔	0.2628116	16
张立国	0.6547287	11
李明	0.2736808	15
刘柳	0.2233562	18
夏令	0.8016238	4
丘陵	0.8578333	3
马克	0.7389675	8

图 5-4　学员排位结果

5.2.2 文本函数

Excel 的主要数据类型有数值、文本、逻辑值及错误值等类型。文本型数据为字符串，如姓名、身份证号等。实际工作中不可避免的要对一些文本内容进行处理，表5-2列举了一些常用的文本函数。

表5-2　常用文本函数

函　数	功　能	文　本	公　式	结　果
LEFT( )	从左取子串	ADJBXad	=LEFT(C3,3)	ADJ
RIGHT( )	从右取子串	ADJBXad	=RIGHT(C4,4)	BXad
MID( )	取子串	ADJBXad	=MID(C5,3,4)	JBXa
LEN( )	文本长度	ADJBXad	=LEN(C6)	7
TEXT( )	将数字转化成文本格式	90	=TEXT(C7,"0")	90
REPT( )	文本重复	*	=REPT(C8,3)	***
REPLACE( )	替换特定位置处的文本			
SUBSTITUTE( )	替换指定文本			

下面对某些函数进行详细介绍。

LEFT 函数的作用为从左提取字符串的子串。其结构为 LEFT(text,num_chars)，text 表示要提取文本，num_chars 表示提取字符数。

MID 函数的作用为提取字符串的子串。其结构为 MID(text,start_num,num_chars)，text 表示要提取的文本，start_num 表示从左起第几位开始提取，num_chars 表示提取字符数。

TEXT 函数的作用为将数值型数据转化成文本。现实生活中，有些数字组成是有其内在含义的，如身份证号、电话号、银行账户等。这些数字组成都应为文本型数值，且不能进行加减乘除等数学计算。

REPT 为文本重复函数，当要重复输入一些字符时，可以利用该函数。其函数结构为 REPT(text,number_times)，text 表示要重复的文本，number_times 表示重复次数。

【案例5-2】从身份证号提取出生日期。

居民身份证号是由数字组成的文本型数值。其包含了很多个人信息，包括出生日期。假如需要从图5-5所示的信息中提取出员工的出生日期。

1）新建一个字段"出生日期"。

2）编辑函数"=MID(B2,7,8)"，按快捷键〈Ctrl+D〉向下填充。此时截取到了从左边第7位开始的8位数字组成的字符串。

3）编辑嵌套函数"=TEXT(MID(B2,7,8),"0000-00-00")"，将步骤2）得到的字符串转换成日期格式，结果如图5-6所示。

【案例5-3】REPLACE 和 SUBSTITUTE 应用——隐藏手机号。

REPLACE 和 SUBSTITUTE 函数的作用都是对文本进行替换，但他们之间又有区别。REPLACE 函数结构为 REPLACE(old_text,start_num,num_chars,new_text)，从中可以看出其

是对指定位置的文本进行替换。

	A	B
1	姓名	身份证号
2	葛黎昕	130928198905281000
3	乐淳雅	130532197901235000
4	元圣杰	513221197102183000
5	平明远	610523198305134000
6	郑靖琪	230111197104266000
7	齐怡悦	510422198603243000

图 5-5 员工身份证信息表

	A	B	C	D
1	姓名	身份证号	函数公式	出生日期
2	葛黎昕	130928198905281000	=TEXT(MID(B2,7,8),"0000-00-00")	1989-05-28
3	乐淳雅	130532197901235000	=TEXT(MID(B3,7,8),"0000-00-00")	1979-01-23
4	元圣杰	513221197102183000	=TEXT(MID(B4,7,8),"0000-00-00")	1971-02-18
5	平明远	610523198305134000	=TEXT(MID(B5,7,8),"0000-00-00")	1983-05-13
6	郑靖琪	230111197104266000	=TEXT(MID(B6,7,8),"0000-00-00")	1971-04-26
7	齐怡悦	510422198603243000	=TEXT(MID(B7,7,8),"0000-00-00")	1986-03-24

图 5-6 提取生日公式及结果

而 SUBSTITUTE 函数结构为(text,old_text,new_text,[instance_num])。与 REPLACE 不同的是，它不指定位置，对指定文本进行替换。

工作中，有时需要将用户个人信息进行脱敏。假如需要对图 5-7 中用户手机号的第 4~7 位进行隐藏。

使用 REPLACE：编辑“=REPLACE(B2,4,4,"****")”。含义是从第 4 位字符处替换 4 个字符为“****”。

使用 SUBSTITUTE：编辑=SUBSTITUTE(B2,MID(B2,4,4),"****")。含义是先使用 MID 函数将从第 4 位开始的后 4 个字符提取出来，对应 old_text。然后使用“****”将其替换。图 5-8 已将函数公式及运行结果列出。

	A	B	C
1	姓名	手机号	隐藏手机号
2	李孔	18996471864	
3	孙文	18996481864	
4	张扬	18996491863	
5	严冬	18996502020	
6	刘柳	18996512020	
7	夏令	18996522020	
8	丘陵	18996532020	
9	马克	18996542019	
10	董齐	18996552019	
11	张郎	18996562031	

图 5-7 用户手机号码

	A	B	C	D	E
1	姓名	手机号	隐藏手机号(REPLACE)	隐藏手机号(SUBSTITUTE)	隐藏手机号
2	李孔	18996471864	=REPLACE(B2,4,4,"****")	=SUBSTITUTE(B2,MID(B2,4,4),"****")	189****1864
3	孙文	18996481864	=REPLACE(B3,4,4,"****")	=SUBSTITUTE(B3,MID(B3,4,4),"****")	189****1864
4	张扬	18996491863	=REPLACE(B4,4,4,"****")	=SUBSTITUTE(B4,MID(B4,4,4),"****")	189****1863
5	严冬	18996502020	=REPLACE(B5,4,4,"****")	=SUBSTITUTE(B5,MID(B5,4,4),"****")	189****2020
6	刘柳	18996512020	=REPLACE(B6,4,4,"****")	=SUBSTITUTE(B6,MID(B6,4,4),"****")	189****2020
7	夏令	18996522020	=REPLACE(B7,4,4,"****")	=SUBSTITUTE(B7,MID(B7,4,4),"****")	189****2020
8	丘陵	18996532020	=REPLACE(B8,4,4,"****")	=SUBSTITUTE(B8,MID(B8,4,4),"****")	189****2020
9	马克	18996542019	=REPLACE(B9,4,4,"****")	=SUBSTITUTE(B9,MID(B9,4,4),"****")	189****2019
10	董齐	18996552019	=REPLACE(B10,4,4,"****")	=SUBSTITUTE(B10,MID(B10,4,4),"****")	189****2019
11	张郎	18996562031	=REPLACE(B11,4,4,"****")	=SUBSTITUTE(B11,MID(B11,4,4),"****")	189****2031

图 5-8 隐藏号码公式及结果

【案例 5-4】使用 SUBSTITUTE 函数统计值班人数。

假如，需要统计如图 5-9 所示的员工排期表的值班人数。

首先，在 C2 单元格编辑“=LEN(B2)-LEN(SUBSTITUTE(B2,"，",""))+1”，下拉填充运行。SUBSTITUTE(B2,"，","")是将员工姓名之间的“，”分隔符去除。

如果是两位员工值班，那么中间就会有一个“，”分隔符；三位员工值班，中间会有两个“，”分隔符，以此类推。

所以利用 LEN 函数得到对应单元格的分隔符数量，之后再加 1，便获得了员工人数。图 5-10 为函数公式及运行结果。

	A	B	C
1	日期	姓名	值班人数
2	2021/2/21	李孔，孙文	
3	2021/2/22	张扬，严冬，刘柳	
4	2021/2/23	夏令	
5	2021/2/24	丘陵，马克	
6	2021/2/25	董齐，刘帅	
7	2021/2/26	张郎，王晓君，李欣，秦昊	

图 5-9 员工排期

	A	B	C	D
1	日期	姓名	值班人数	值班人数
2	44248	李孔，孙文	=LEN(B2)-LEN(SUBSTITUTE(B2,"，",""))+1	2
3	44249	张扬，严冬，刘柳	=LEN(B3)-LEN(SUBSTITUTE(B3,"，",""))+1	3
4	44250	夏令	=LEN(B4)-LEN(SUBSTITUTE(B4,"，",""))+1	1
5	44251	丘陵，马克	=LEN(B5)-LEN(SUBSTITUTE(B5,"，",""))+1	2
6	44252	董齐，刘帅	=LEN(B6)-LEN(SUBSTITUTE(B6,"，",""))+1	2
7	44253	张郎，王晓君，李欣，秦昊	=LEN(B7)-LEN(SUBSTITUTE(B7,"，",""))+1	4

图 5-10 值班人数公式及结果

5.2.3 统计函数

统计函数顾名思义就是对数据进行统计分析的函数。表5-3列举出了实际工作中常用的统计函数。MAX()、MIN()、SUM()及AVERAGE()就是简单的对所选单元格区域进行相应的汇总分析。如=MAX(B:B)表示计算B列的最大值。FREQUENCY()用于计算值在值范围内出现的频率，即数学中的频数，该函数为数组函数（关于数组的概念会在5.5节中介绍），其语法为FREQUENCY(data_array, bins_array), data_array为需要统计的数据区域，bins_array为用于设置区间分隔点的数组。运行该函数需要按快捷键〈Ctrl+Shift+Enter〉才会得到正确的结果。RANK()已在【案例5-1】中介绍，这里不再赘述。其余函数会在实际案例中讲解。

表5-3 常用统计函数

函数	功能	公式	结果
MAX()	求最大	=MAX(1,2,3,4)	4
MIN()	求最小	=MIN(1,2,3,4)	1
SUM()	求和	=SUM(1,2,3,4)	10
SUMIF()	条件求和		
SUMIFS()	多条件求和		
AVERAGE()	求平均	=AVERAGE(1,2,3,4)	2.5
AVERAGEIF()	条件求平均		
AVERAGEIFS()	多条件求平均		
COUNT()	数值计数		
COUNTA()	非空计数		
COUNTIF()	条件计数		
COUNTIFS()	多条件计数		
FREQUENCY()	求数据分布频率		
RANK()	排名次		

【案例5-5】SUMIF和SUMIFS应用——统计销售额。

SUMIF()的语法结构为SUMIF(range, criteria, sum-range)。range为条件判断的单元格区域，criteria为具体条件，sum-range为求和范围。其适用于单一条件求和。SUMIFS()的语法结构为sumifs(sum_range, criteria_range1, criteria1, criteria_range2, criteria2 …)。sum_range是求和范围。criteria_range1, criteria_range2, …为条件区域。criteria1, criteria2, …为具体条件，条件可以表示为32、""32""、"">32""、""apples""或B4。

如果需要对图5-11中的员工工资成本进行统计分析。

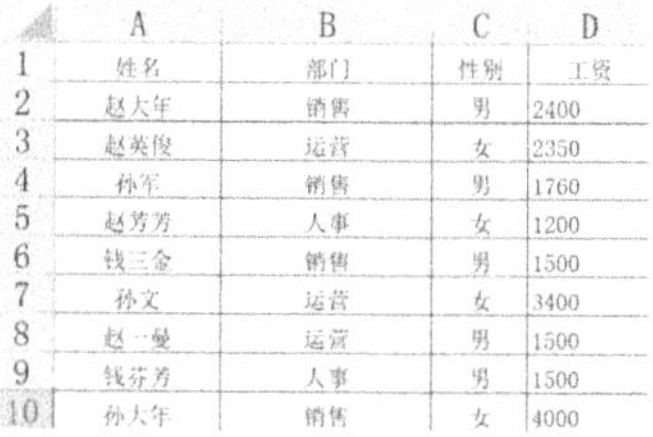

	A	B	C	D
1	姓名	部门	性别	工资
2	赵大年	销售	男	2400
3	赵英俊	运营	女	2350
4	孙军	销售	男	1760
5	赵芳芳	人事	女	1200
6	钱三金	销售	男	1500
7	孙文	运营	女	3400
8	赵一曼	运营	男	1500
9	钱芬芳	人事	男	1500
10	孙大年	销售	女	4000

图5-11 员工工资表

1）统计销售部门的员工工资成本。

该问题为单一条件，所以使用 SUMIF( ) 即可。在 H1 单元格编辑函数 =SUMIF( )。条件范围选择 B2：B10，具体条件选择 B2，按〈F4〉键进行锁定，变成$B$2。目前为止函数表示找出"部门"为"销售"的单元格，所以将求和范围选择 D2：D10，即对相应的工作进行求和汇总。表 5-4 为函数公式及运行结果。

表 5-4　销售部门工资公式及结果

	函 数 公 式	结　果
统计销售部门总工资	=SUMIF(B2：B10,$B$2,D2：D10)	9660

2）统计销售部门女生的工资成本。

该问题要同时满足"部门"为"销售"，"性别"为"女"，为两个条件求和。在 H1 单元格编辑 =SUMIFS( )。求和范围选择 D2：D10。第一条件范围选择 B2：B10，条件选择 B2，锁定为$B$2。第二条件范围选择 C2：C10，条件选择 C3，锁定为$C$3。表 5-5 为函数公式及运行结果。

表 5-5　销售部门女员工工资函数及结果

	函 数 公 式	结　果
统计销售部门女生总工资：	=SUMIFS(D2：D10,B2：B10,$B$2,C2：C10,$C$3)	4000

【案例 5-6】对学生成绩表进行计数。

对图 5-12 的学生成绩数据进行计数统计分析。

	A	B	C	D	E	F	G
1	班级	学号	姓名	性别	数学	计算机	英语
2	2012	201210201	李孔	男	78	100	88
3	2012	201210208	马亮		62	92	89
4	2012	201210203	张扬	男	93	91	72
5	2012	201210204	严冬	男	59	78	83
6	2012	201210209	董齐	男	78	86	90
7	2012	201210202	李文		90	90	90
8	2012	201210207	丘媛	女	100	87	87
9	2012	201210205	刘柳	N/A	81	59	75
10	2012	201210206	夏令	女	99	92	67

●图 5-12　学生成绩

使用 COUNT( ) 对 D1：D10 进行计数，在单元格编辑" =COUNT(D1：D10)"，运行结果为 0。使用 COUNT( ) 对 E2：E10 进行计数，在单元格编辑" =COUNT(E1：E10)"，运行结果为 9。由此可以看出 COUNT( ) 只能对具体数值进行计数，对文本型数据不做计数。表 5-6 为函数公式及运行结果。

使用 COUNTA( ) 对 D1：D10 进行计数，运行结果为 8。使用 COUNTA( ) 对 E2：E10 进行计数，运行结果为 9。因此 COUNTA( ) 可对非空的文本和数值型数据进行计数。表 5-7 为函数公式及运行结果。

表 5-6　COUNT( ) 计数结果

=COUNT(D1：D10)	0
=COUNT(E1：E10)	9

表 5-7　COUNTA( ) 计数结果

=COUNTA(D1：D10)	8
=COUNTA(E2：E10)	9

统计全部科目及格学生人数：全科及格要满足三科，每一个科目均大于 60。使用 COUNTIFS( ) 进行计数。其函数结构为 COUNTIFS(criteria_range1，criteria1，[criteria_range2，criteria2]，…)，只需把条件范围和对应具体条件编辑在相应位置处即可。编辑 =COUNTIFS( )，第一个条件范围选择 E2:E10，为数学科目成绩，对应条件为"＞60"；第二个条件范围选择 F2:F10，为计算机科目成绩，对应条件为"＞60"；第三个条件范围选择 G2:G10，为英语科目成绩，对应条件为"＞60"。运行结果为 6 位学员全科及格。表 5-8 为函数公式及运行结果。

表 5-8　全学科及格学员公式及人数

=COUNTIFS(E2:E10,"＞60" ,F2:F10,"＞60" ,G2:G10,"＞60")	6

5.2.4　日期与时间函数

Excel 提供了大量的日期函数来帮助人们处理日期数据。表 5-9 列举了常用的日期函数及相关功能。

表 5-9　常用日期函数

日 期 函 数				
函　数	功　能	日　期	函 数 公 式	结　果
YEAR( )	求年	2020/2/3	=YEAR(I3)	2020
MONTH( )	求月	2020/2/3	=MONTH(I4)	2
DAY( )	求日	2020/2/3	=DAY(I5)	3
TODAY( )	当前日期		=TODAY( )	2021/3/3
DATE( )	对指定年、月、日计算		=DATE(2020,2,3)	2020/2/3
NOW( )	返回当前日期和时间		=NOW( )	2021/3/3 17:39
EDATE( )	指定日期指定前后月份数的日期	2020/2/3	=EDATE(I9,1)	2020/3/3
EOMONTH	指定日期指定月份数最后一天的序列号	2020/2/3	=EOMONTH(I10,-1)	2020/1/31
DATEDIF( )	计算日期差		=DATEDIF(I3,TODAY( ),"D")	394

其中 YEAR( )、MONTH( )、DAY( ) 可分别查找对应日期的年、月、日。如 YEAR ("2020/2/3") 的运营结果为 2020。TODAY( ) 运行结果为当前系统的日期。该函数没有参数，工作中常用于计算项目进程。DATE( ) 返回指定日期的序列号。其函数结构为 DATE (year,month,day)，如 DATE(2020,2,3) 运行结果为"2020/2/3"。如果将该数字格式设置成常规，会发现其显示为 43864。该数值为日期"2020/2/3"对应的序列号。NOW( ) 运行结果为当前系统的日期具体时间点，其与 TOADY( ) 一样没有参数。EDATE( ) 语法结构为

EDATE(start_date, months)。start_date 为起始日期，months 为指定月数，如果求前面月数的日期，则为负数。表 5-9 中的语法为=EADTE("2020/2/3",1)所以“2020/2/3”后一个月的日期为“2020/3/3”。EOMONTH()与 EDATE()相似，区别在于运行结果为指定月数的最后一天。如表中函数公式为=EOMONTH(“2020/2/3”,-1)，所以“2020/2/3”上个月的最后一天为“2020/1/31”。DATEDIF()会在后续案例中进行详细讲解。

【案例 5-7】计算项目进程。

DATEDIF()为 Excel 中的隐藏函数，在函数列表里无法显示此函数。该函数可以用来计算两个日期的间隔天数、月数和年数。函数语法为 DATEDIF(start_date,end_date,unit)，start_date 表示开始日期，可以是日期数值、日期字符串或者函数公式（如 DATE(2020,3,5)）；end_date 表示结束日期；unit 表示返回结果类型，如“Y”“M”“D”返回值类型对应为年、月、日。

对图 5-13 中的数据计算项目进程。

	A	B	C	D	E
1	项目进程				
2	项目	开始时间	项目进程（年）	项目进程（月）	项目进程（日）
3	项目一	2020. 12. 3			
4	项目二	2020. 1. 2			
5	项目三	2019. 3. 4			
6	项目四	2020. 3. 4			
7	项目五	2020. 6. 9			
8	项目六	2021. 1. 2			

图 5-13 项目进程

图 5-13 中的日期是“2020. 12. 3”，该数值格式不是日期格式。首先需要将表中数值转换成日期格式，这样 DATEDIF()才能计算出间隔时间。

利用 SUBSTITUTE()将“.”替换成“/”，编辑函数“= SUBSTITUTE(B4,".","/")”。

因为要求出截止到当前日期项目进行的年数，所以还要使用 TODAY()获得当前日期。

使用嵌套函数，利用 DATEDIF()求“项目进程（年）”。编辑函数“=DATEDIF(SUBSTITUTE(B4,".","/"),TODAY(),"Y")”，下拉填充。图 5-14 为函数公式及运行结果。

项目进程							
项目	开始时间	项目进程（年）		项目进程（月）		项目进程（日）	
		公式	结果	公式	结果	公式	结果
项目一	2020. 12. 3	=DATEDIF(SUBSTITUTE(B4,".","/"),TODAY(),"Y")	0	=DATEDIF(SUBSTITUTE(B4,".","/"),TODAY(),"M"	3	=DATEDIF(SUBSTITUTE(B4,".","/"),TODAY(),"D"	91
项目二	2020. 1. 2	=DATEDIF(SUBSTITUTE(B5,".","/"),TODAY(),"Y")	1	=DATEDIF(SUBSTITUTE(B5,".","/"),TODAY(),"M"	14	=DATEDIF(SUBSTITUTE(B5,".","/"),TODAY(),"D"	427
项目三	2019. 3. 4	=DATEDIF(SUBSTITUTE(B6,".","/"),TODAY(),"Y")	2	=DATEDIF(SUBSTITUTE(B6,".","/"),TODAY(),"M"	24	=DATEDIF(SUBSTITUTE(B6,".","/"),TODAY(),"D"	731
项目四	2020. 3. 4	=DATEDIF(SUBSTITUTE(B7,".","/"),TODAY(),"Y")	1	=DATEDIF(SUBSTITUTE(B7,".","/"),TODAY(),"M"	12	=DATEDIF(SUBSTITUTE(B7,".","/"),TODAY(),"D"	365
项目五	2020. 6. 9	=DATEDIF(SUBSTITUTE(B8,".","/"),TODAY(),"Y")	0	=DATEDIF(SUBSTITUTE(B8,".","/"),TODAY(),"M"	8	=DATEDIF(SUBSTITUTE(B8,".","/"),TODAY(),"D"	268
项目六	2021. 1. 2	=DATEDIF(SUBSTITUTE(B9,".","/"),TODAY(),"Y")	0	=DATEDIF(SUBSTITUTE(B9,".","/"),TODAY(),"M"	2	=DATEDIF(SUBSTITUTE(B9,".","/"),TODAY(),"D"	61

图 5-14 项目进程函数公式及结果

5.3 逻辑函数

逻辑函数可以对数据进行判断，返回值为布尔值。判断为真时，返回 TRUE；判断为假时，返回 FALSE。执行该函数也会在适当时将值 TRUE 和 FALSE 转换为 1 和 0，会在 5.5 节中具体介绍。本节主要介绍常用的逻辑函数。

5.3.1 AND/OR/NOT 函数

AND(logical1,logical2,…)表示"与"的关系。所有参数为真时，返回 TRUE；只要有一个参数的逻辑值为假，即返回 FALSE。AND()函数公式及运行结果见表 5-10。

OR(logical1,logical2,…)表示"或"的关系。只要有一个参数为真时，返回 TRUE；全部参数为假时，返回 FALSE。OR()函数公式及运行结果见表 5-11。

NOT(logical)表示对参数值求反，当参数 Logical 计算结果为 TRUE 时，返回值为 FALSE。NOT()函数公式及运行结果见表 5-12。

表 5-10 AND 实例及运行结果

函数公式	结 果
=AND(TRUE,TRUE)	TRUE
=AND(TRUE,FALSE)	FALSE
=AND(1=1,0=1)	FALSE

表 5-11 OR 实例及运行结果

函数公式	结 果
=OR(TRUE,TRUE,FALSE)	TRUE
=OR(FALSE,FALSE)	FALSE
=OR(1=1,0=1)	TRUE

表 5-12 NOT 实例及运行结果

函数公式	结 果
=NOT(TRUE)	FALSE
=NOT(1=2)	TRUE

5.3.2 IF 函数

IF()为逻辑判断函数。其语法可理解为 IF（条件是否成立，条件满足时返回的值，条件不满足时返回的值）。其第三个参数可以省略，默认返回结果为0。IF()函数公式及运行结果见表 5-13。

表 5-13 IF 实例及运行结果

函数公式	结 果
=IF(1=2,TRUE,FALSE)	FALSE
=IF(1<2,0,1)	0
=IF(1>2,1,)	0

【案例 5-8】利用 IF()进行分类。

对图 5-15 中的学生成绩进行等级分类。90 分及以上为 A，80~89 分为 B，60-79 分为 C，60 分以下为 D，如图 5-16 所示。

●图 5-15 学生数学成绩

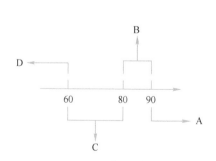

●图 5-16 学生成绩等级

在 D2 单元格编辑 IF 嵌套函数。可依据图 5-16 的数轴从左到右依次编辑。首先编辑最外 =IF(C2<60,"D",   )。接着编辑第二层 =IF(C2<60,"D",IF(C2<80,   ))。依次

类推，嵌套公式最终结果为 =IF(C2<60,"D",IF(C2<80,"C",IF(C2<90,"B","A")))。图 5-17 为函数公式及分类结果。

【案例 5-9】IF/AND/OR 综合运用。

对图 5-18 中的学生成绩进行判断，是三门均通过还是三门之一通过。

	A	B	C	D	E
1	姓名	性别	数学	函数公式	等级
2	李孔	男	78	=IF(C2<60,"D",IF(C2<80,"C",IF(C2<90,"B","A")))	C
3	孙文	女	90	=IF(C3<60,"D",IF(C3<80,"C",IF(C3<90,"B","A")))	A
4	张扬	男	90	=IF(C4<60,"D",IF(C4<80,"C",IF(C4<90,"B","A")))	A
5	严冬	男	56	=IF(C5<60,"D",IF(C5<80,"C",IF(C5<90,"B","A")))	D
6	刘柳	女	78	=IF(C6<60,"D",IF(C6<80,"C",IF(C6<90,"B","A")))	C
7	夏令	女	99	=IF(C7<60,"D",IF(C7<80,"C",IF(C7<90,"B","A")))	A
8	丘陵	女	100	=IF(C8<60,"D",IF(C8<80,"C",IF(C8<90,"B","A")))	A
9	马克	男	62	=IF(C9<60,"D",IF(C9<80,"C",IF(C9<90,"B","A")))	C
10	董齐	男	78	=IF(C10<60,"D",IF(C10<80,"C",IF(C10<90,"B","A")))	C

●图 5-17　成绩分类函数公式及运行结果

	A	B	C	D	E	F	G
1	姓名	性别	数学	计算机	英语	评价（三门均通过）	评价（三门之一通过）
2	李孔	男	78	100	59		
3	孙文	女	89	90	90		
4	张扬	男	90	89	72		
5	严冬	男	56	78	83		
6	刘柳	女	78	76	75		
7	夏令	女	99	75	67		
8	丘陵	女	90	87	87		
9	马克	男	57	92	89		
10	董齐	男	54	56	58		

●图 5-18　学生成绩

三门科目均通过，也就是每个科目的成绩需大于 60 分。这三门科目必须满足“且”的关系，故要使用 IF( )与 AND( )的嵌套。在 F2 单元格编辑外层函数 =IF(　　　,"通过","不通过")，主要作用是参数判断为 TRUE，显示“通过”，否则显示不通过。对内层函数进行编辑 = AND(C2>60,D2>60,E2>60)。三门之一通过是“或”的关系，需用到 OR( )。图 5-19 为函数公式及判断结果。

姓名	性别	数学	计算机	英语	函数公式	评价（三门均通过）	函数公式	评价（三门之一通过）
李孔	男	78	100	59	=IF(AND(C2>60,D2>60,E2>60),"通过","不通过")	不通过	=IF(OR(C2>60,D2>60,E2>60),"通过","不通过")	通过
孙文	女	89	90	90	=IF(AND(C3>60,D3>60,E3>60),"通过","不通过")	通过	=IF(OR(C3>60,D3>60,E3>60),"通过","不通过")	通过
张扬	男	90	89	72	=IF(AND(C4>60,D4>60,E4>60),"通过","不通过")	通过	=IF(OR(C4>60,D4>60,E4>60),"通过","不通过")	通过
严冬	男	56	78	83	=IF(AND(C5>60,D5>60,E5>60),"通过","不通过")	不通过	=IF(OR(C5>60,D5>60,E5>60),"通过","不通过")	通过
刘柳	女	78	76	75	=IF(AND(C6>60,D6>60,E6>60),"通过","不通过")	通过	=IF(OR(C6>60,D6>60,E6>60),"通过","不通过")	通过
夏令	女	99	75	67	=IF(AND(C7>60,D7>60,E7>60),"通过","不通过")	通过	=IF(OR(C7>60,D7>60,E7>60),"通过","不通过")	通过
丘陵	女	90	87	87	=IF(AND(C8>60,D8>60,E8>60),"通过","不通过")	通过	=IF(OR(C8>60,D8>60,E8>60),"通过","不通过")	通过
马克	男	57	92	89	=IF(AND(C9>60,D9>60,E9>60),"通过","不通过")	不通过	=IF(OR(C9>60,D9>60,E9>60),"通过","不通过")	通过
董齐	男	54	56	58	=IF(AND(C10>60,D10>60,E10>60),"通过","不通过")	不通过	=IF(OR(C10>60,D10>60,E10>60),"通过","不通过")	不通过

●图 5-19　学生成绩评价函数公式及结果

5.4　查找与引用函数

查找与引用函数是工作中使用频率很高的函数，可以用来在指定单元格区域内查找指定内容。简单来说就是通过匹配条件，把数据从一个工作表搬运到另一个工作表的指定区域。单独使用可以解决大部分问题，但遇到比较复杂的查找，往往需要联合使用。本章主要介绍几个工作中常用的查找引用函数。

5.4.1　ROW/COLUMN 函数

ROW([reference])/COLUMN([reference])可分别获取引用单元格对应的绝对行号与绝对列号。其常常与其他查找与引用函数联合使用。reference 为可选参数，表示所引用的单元格。如果省略 reference，则是对函数所在单元格的引用。表 5-14 为函数公式及运行结果。

如果 reference 为一个单元格区域，并且函数作为垂直数组输入，则结果将以垂直数组的形式返回 reference 的行号。关于数组的概念会在 5.5 节进行讲解，这里介绍一下当 reference 为单元格区域时的操作。

表 5-14　ROW/COLUMN 函数公式及运行结果	
函数公式	结　果
= COLUMN(A5)	1
= ROW(A5)	5

例如，ROW(A1:A9)将返回{1;2;3;4;5;6;7;8;9}。如果在一个单元格内输入，将只返回第一个单元格所对应的行号。只有先选中 A1:A9 单元格区域，然后输入" = (C1:C9)"，按快捷键〈Ctrl+Shift+Enter〉才返回整个数组结果。如图 5-20 所示。

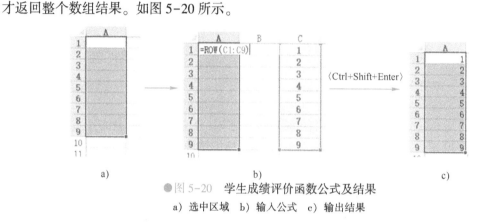

●图 5-20　学生成绩评价函数公式及结果

a）选中区域　b）输入公式　c）输出结果

5.4.2　VLOOKUP 函数

VLOOKUP()为纵向查找函数。它会根据指定条件，在指定单元格区域内根据指定列数返回对应的查找值。该函数是工作中应用最为频繁的函数，比如可以用来核对数据、多个表格之间快速导入数据等，所以需要灵活运用该函数。

该函数语法为 VLOOKUP(lookup_value, table_array, col_index_num, range_lookup)。lookup_value 为查找内容，table_array 为查找区域，col_index_num 表示返回数据在查找区域的第几列数，range_lookup 为匹配模式，指明查找是精确匹配，还是近似匹配。如果 rang_lookup 为 FALSE 或 0，则返回精确匹配，如果找不到，则返回错误值 #N/A；如果 range_lookup 为 TRUE 或 1，函数 VLOOKUP 将查找近似匹配值，如果找不到精确匹配值，则返回小于 lookup_value 的最大数值。应注意 VLOOKUP 函数在进行近似匹配时的查找规则是从第一个数据开始匹配，没有匹配到一样的值就继续与下一个值进行匹配，直到遇到大于查找值的值，此时返回上一个数据（近似匹配时应对查找值所在列进行升序排列）。如果 range_lookup 省略，则默认为 1。图 5-21 为 VLOOKUP()图解。

●图 5-21　VLOOKUP 函数结果图解

并不是所有查询问题都可使用 VLOOKUP( ) 函数，要使用必须满足以下条件。

1) 查询区域必须为列结构。

2) 匹配条件为单一条件。如果需要双重条件查找，往往需要使用文本拼接处理（会在后续案例中讲解）。

3) 查询区域不允许出现重复值。如果出现重复值，需要借助其他函数处理（会在后续案例中讲解）。

【案例 5-10】 VLOOKUP( ) 与 COLUMN( ) 结合运用。

根据图 5-22 的员工信息表，建立图 5-23 的报表形式。当在下拉菜单选择员工姓名时，可以显示对应的信息。

●图 5-22　员工信息明细表　　　　　　　　　　　●图 5-23　员工信息报表

首先，建立下拉菜单。单击"数据验证"按钮，如图 5-24 所示。

●图 5-24　"数据验证"按钮

进入数据验证设置界面。设置"允许"为"序列值"，"来源"为员工信息明细表表的姓名列，如图 5-25 所示。

图 5-26 为建立好的下拉菜单。单击 ▼，即可显示出所有姓名进行选择。

●图 5-25　数据验证设置　　　　　　　　　　　●图 5-26　下拉菜单

在 C5 单元格内编辑函数"= VLOOKUP（$D$2，员工信息明细表!$B:$I，COLUMN（Sheet5!C1）-1，）"，向右填充，即可得到查询结果。$D$2 为锁定 D2 单元格，按〈F4〉键即可进行锁定。当选择 D2 单元格的员工姓名时，VLOOKUP( ) 的查询内容也随之改变。当

COLUMN 选择 C1 时，返回的列号为 3。观察图 5-22 的员工信息明细表，会发现要取查询范围的第二列，因此减去 1。

【案例 5-11】多条件查询。

将身份证号码查询到图 5-28 员工的对应字段。图 5-27 为数据源，其姓名有重名情况。如果直接用姓名作为查询内容，则会只显示重名员工排在前面的人的身份证号。因此需要多利用一个条件，以构建唯一的查询内容。

	A	B	C	D	E	F	G	H	I
1	编号	姓名	性别	身份证号码	入职时间	职务	最高学历	所属部门	联系电话
2	CYU001	李楠	男	372229198003231215	2003年1月23日	主管	本科	生产部	83983474
3	CYU002	方鹏	男	141082197810132134	2000年6月24日	副主管	本科	生产部	83983124
4	CYU003	李楠	男	350122197911201811	1999年7月23日	员工	本科	生产部	83983648
5	CYU004	王小若	女	350124198008101841	2001年12月26日	主管	硕士	管理部	83988577
6	CYU005	陈雨	女	140303197405062320	1993年4月20日	副主管	博士	管理部	83984869
7	CYU006	石璐	女	140303197705110462	1995年8月28日	员工	其他	管理部	83984275
8	CYU007	王小若	女	140303198405062320	2005年9月9日	员工	硕士	管理部	83987597

●图 5-27　员工信息表

	A	B	C
1	姓名	身份证号码	
2	李楠		
3	王小若		
4	陈雨		

●图 5-28　员工身份证号

在 A 列前插入辅助列，在 A2 编辑“=COUNTIF(B$2:B2,B2)&B2”，下拉填充，将当前行之前的姓名出现次数与姓名组合起来，如图 5-29 所示。

在 B2 单元格编辑公式“=IFERROR(VLOOKUP(COLUMN(员工身份证号!A1)&员工身份证号!$A2,员工信息表!$A$1:$D$8,4,),"")”，向右下填充即可。

IFERROR()表示如果找不到查询值，则返回空值。该公式利用列号和 A 列相结合的方法，构建唯一值，从而实现精确匹配。如图 5-30 所示为最终查找结果。

	A	B	C	D	E	F	G	H	I
1	辅助列	姓名	性别	身份证号码	入职时间	职务	最高学历	所属部门	联系电话
2	2李楠	李楠	男	372229198003231215	2003年1月23日	主管	本科	生产部	83983474
3	1方鹏	方鹏	男	141082197810132134	2000年6月24日	副主管	本科	生产部	83983124
4	1李楠	李楠	男	350122197911201811	1999年7月23日	员工	本科	生产部	83983648
5	2王小若	王小若	女	350124198008101841	2001年12月26日	主管	硕士	管理部	83988577
6	1陈雨	陈雨	女	140303197405062320	1993年4月20日	副主管	博士	管理部	83984869
7	1石璐	石璐	女	140303197705110462	1995年8月28日	员工	其他	管理部	83984275
8	1王小若	王小若	女	140303198405062320	2005年9月9日	员工	硕士	管理部	83987597

●图 5-29　添加辅助列

姓名	身份证号码	
李楠	350122197911201811	372229198003231215
王小若	140303198405062320	350124198008101841
陈雨	140303197405062320	

●图 5-30　身份证号码查询结果

5.4.3 OFFSET 函数

OFFSET()会在很多需要引用数据的实例中用到。该函数是从一个基准单元格出发，根据指定偏移量，到达一个新单元格，从而引用以该单元格为新基准指定行列数的单元格区域。

其函数语法为 OFFSET(reference,rows,cols,[height],[width])。reference 表示指定初始单元格。rows 表示偏移行数，为负数时，代表以初始单元格为基准向上偏移。cols 表示偏移列数，为负数时，代表以初始单元格为基准向左偏移。height 和 width 表示要返回引用区域的行列数，如果省略这两个参数，则返回偏移后单元格。height 和 width 同样支持负数，如果为负数，则表示向上和向左方向分别读取的行数和列数。

例如，图 5-31 为 OFFSET 函数图解。以 A2 单元格为基点，向下偏移两行，向右偏移两行，到达 C4。取 3 列 5 行，得到的结果就是$C$4:$E$8 的单元格区域。

【案例 5-12】快速填充合并单元格内容。

将图 5-32 的学员姓名填充至图 5-33 的相应位置。观察图 5-33 的表格可以发现其姓名列为不同形式的合并单元格，直接通过复制粘贴是不能进行操作的。可以利用OFFSET( )与COUNTA( )嵌套快速获得结果。

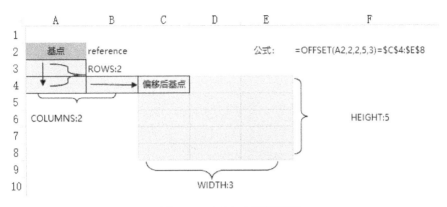

●图 5-31　OFFSET 函数图解

姓名	课程	成绩
	数学	60
	计算机	98
	英语	88
	数据库	90
	数学	89
	计算机	78
	数学	87
	计算机	89
	英语	90
	语文	60
	化学	78
	数学	86
	计算机	87
	英语	91
	数学	90
	计算机	87

	A
1	姓名
2	张丽
3	田晓丽
4	吴桐
5	赵柳柳
6	王甜甜

●图 5-32　学生姓名　　　　　　　　　●图 5-33　学生成绩单

选中 A 列 A2 开始的合并单元格列，输入公式"=OFFSET(学员姓名!\$A\$1,COUNTA(\$A\$1:A1),)"，按快捷键〈Ctrl+Enter〉，即可获得结果。COUNTA(\$A\$1:A1)获取已经有文本的单元格数目以确定 OFFSET 函数的行偏移值，以便从学员姓名表格中 A 列读取相应的姓名数据。如图 5-34 所示为函数公式及对应结果。

函数公式	姓名	课程	成绩
	张丽	数学	60
		计算机	98
		英语	88
=OFFSET(学员姓名!\$A\$1,COUNTA(\$A\$1:A1),)		数据库	90
	田晓丽	数学	89
=OFFSET(学员姓名!\$A\$1,COUNTA(\$A\$1:A5),)		计算机	78
	吴桐	数学	87
		计算机	89
		英语	90
		语文	60
=OFFSET(学员姓名!\$A\$1,COUNTA(\$A\$1:A7),)		化学	78
	赵柳柳	数学	86
		计算机	87
=OFFSET(学员姓名!\$A\$1,COUNTA(\$A\$1:A12),)		英语	91
	王甜甜	数学	90
=OFFSET(学员姓名!\$A\$1,COUNTA(\$A\$1:A15),)		计算机	87

●图 5-34　填充合并单元格函数及对应结果

【案例5-13】 汇总销售额报表。

根据图5-35员工月度销售额数据制作如图5-36所示的销售额报表。使得选择对应的员工姓名和起止月份即可自动汇总出对应销售额。

	A	B	C	D	E	F	G
1	员工姓名	1	2	3	4	5	6
2	李梅	143	234	44	90	167	287
3	于娜丽	70	289	246	80	30	69
4	洪雄	133	279	247	258	67	78
5	田密	145	185	137	127	124	90
6	田黎明	148	175	211	247	230	96
7	肖黎明	64	78	24	55	134	103

●图5-35　员工月度销售额

●图5-36　销售额报表

首先，在销售报表sheet中建立下拉菜单。单击"数据验证"按钮，出现"数据验证"对话框，如图5-37所示。设置"允许"为"序列"，"来源"为"员工月度销售额"的"员工姓名"列。起始月和终止月设置同理。最终显示结果如图5-38所示。

●图5-37　姓名数据验证设置界面

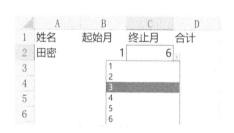

●图5-38　销售报表数据验证显示

在D2单元格输入以下公式"=SUM（OFFSET（员工月度销售额!A1,MATCH（销售额报表!A2,员工月度销售额!A2:A7,），销售额报表!B2,,销售额报表!C2-销售额报表!B2+1））"。

MATCH（销售额报表!A2,员工月度销售额!A2:A7,）用于查询销售额报表sheet中A2单元格的姓名在月度销售额sheet中A2:A7单元格区域中相应的位置，如销售额报表sheet中A2单元格的姓名为"田密"，则返回结果为4。

OFFSET函数在员工月度销售额sheet中以A1为基点，根据MATCH函数和销售额报表sheet中B2单元格所得的行列偏移量进行偏移。引用区域行量为1，所以第4个参数可省略。引用区域列量为终止月减去起始月再加1，最终对引用区域进行求和计算。

如果"姓名"选择"田密"，"起始月"选择"4"，"终止月"选择"6"。具体偏移情况如图5-39所示。

	A	B	C	D	E	F	G
1	员工姓名	1	2	3	4	5	6
2	李梅	143	234	44	90	167	287
3	于娜丽	70	289	246	80	30	69
4	洪雄	133	279	247	258	67	78
5	田密	145	185	137	127	124	90
6	田黎明	148	175	211	247	230	96
7	肖黎明	64	78	24	55	134	103

●图5-39　偏移示意图

5.4.4 MATCH 与 INDEX 函数

通过 MATCH 函数和 INDEX 函数组合使用，往往能够实现任意方向的查询以及多条件查询等。

MATCH( )为定位函数，通俗来说就是找位置。给出一个查找值，返回在指定范围的相对行号或列号。其函数语法为 MATCH(lookup_value, lookup_array, [match_type])。lookup_value 表示匹配值，简单来说就是要找什么。lookup_array 为查找范围，简单来说就是在哪找。[match_type]为可省略参数，表示匹配方式，1、0、−1 分别表示小于、精确、大于，同时值为 1 或者−1 时，要求所查找区域按升序或者降序排列。通常数据的次序是杂乱的，因此第三个参数常常为 0，即省略不写。图 5-40 为 MATCH( )函数图解。

●图 5-40　MATCH( )函数图解

INDEX( )与 MATCH( )相反，通过给出行或列号，在指定范围获取查找值。其语法结果为 INDEX(array, row_num, [column_num])，array 表示查找的单元格区域，row_num 和 column_num 分别表示指定行号与列号。若将 row_num 或 column_num 设置为 0，则函数结果返回查找范围列或行的全部数值。图 5-41 为 INDEX( )函数图解。

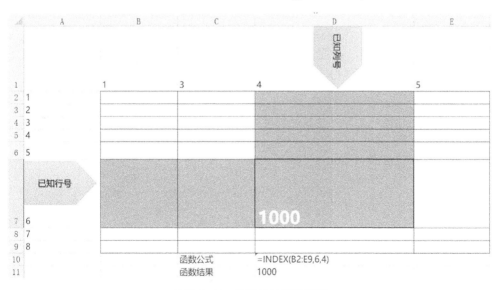

●图 5-41　INDEX( )函数图解

【案例 5-14】逆向查找。

图 5-42 中根据 A、B 两列数据，通过 D2 单元格中的内容查找出对应的部门。

在 E2 单元格输入"=INDEX(A2:A5,MATCH(D2,B2:B5))"。MATCH(D2,B2:B5)部分表示查询 D2 单元格姓名在 B 列中相应位置。与 INDEX 函数嵌套使用，INDEX 函数再根据 MATCH()返回的行号查询 A 列中对应的值。

【案例 5-15】多条件查找。

根据图 5-43，结合客户及产品两个条件来查找出对应销售额。

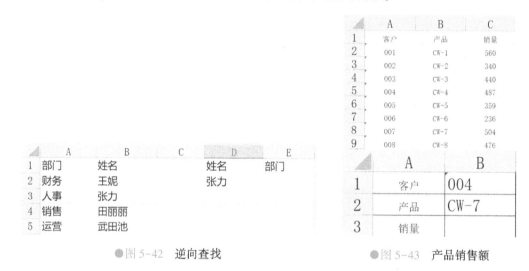

●图 5-42 逆向查找　　　　　　　　●图 5-43 产品销售额

首先，用数据验证的方法建立下拉菜单。具体操作已在前面章节做了介绍，这里不再赘述。设置菜单如图 5-44 所示。

●图 5-44 数据验证设置参数

在 B3 单元格输入公式"=IFERROR(INDEX(产品销售额!C2:C9,MATCH(B1&B2,产品销售额!A2:A9&产品销售额!B2:B9,0)),0)"，同时按快捷键〈Enter+Ctrl+Shift〉运行。

MATCH(B1&B2,产品销售额!A2:A9&产品销售额!B2:B9,0)表示结合"客户"和"产品"两个字段返回在产品销售额表中的行号。后再通过 INDEX( )查询"销量"列的对应销售额。IFERROR(value，value_if_error)作用为如果结果返回错误值，则显示" value_if_error"参数。此处该参数设置为 0。

5.5 数组函数应用

在前面章节中的案例中大家已经初步接触了数组公式。数组是函数中的利器，可以使用数组完成很多之前解决不了的问题。一些问题使用数组公式比单纯使用函数公式，更加简洁、便利。本章主要介绍常用的数组函数公式及其应用。

5.5.1 认识数组

数组为多个数据元素的集合。通俗来讲就是把一个单元格区域的多个数据作为整体参与运算。数组元素可以是数值、文本、日期、逻辑值等。在运行数组函数时，必须按快捷键〈Ctrl+Shift+Enter〉，否则会报错。

数组具有维度属性。一行多列数组为横向一维数组，如图 5-45 所示选中 B2:D2 区域，按快捷键〈Ctrl+Shift+Enter〉，公式变为{ =B2:D2}，即为横向一维数组。可在公式处按〈F9〉键查看结果，其结果为{ "a" ,1,5}。

一列多行数组为纵向一维数组，如图 5-46 所示选中 B2：B4 区域，按快捷键〈Ctrl+Shift+Enter〉，公式变为{ =B2:B4}，即为纵向一维数组。可在公式处按〈F9〉键查看结果，其结果为{ "a" ,1,5}。

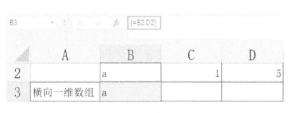

●图 5-45　横向一维数组

●图 5-46　纵向一维数组

一列多行为纵向一维数组，多行多列为同时具有横向和纵向的二维数组。如图 5-47 所示选中 B2:D3 区域，按快捷键〈Ctrl+Shift+Enter〉，公式变为{ =B2:D3}，即为二维数组。可在公式处按〈F9〉键查看结果，其结果为{1,2,3;4,5,6}。当然还会有多维数组，Excel 实际应用中并不常见。

数组之间的加减乘除运算也有自己的逻辑所在。这里主要以二维数组之间的相乘计算，来使大家理解数组间的运算法则。如图 5-48 所示，在 B5 单元格输入公式" = A2:B3 * D2:E3"，按快捷键〈Ctrl+Shift+Enter〉运行。

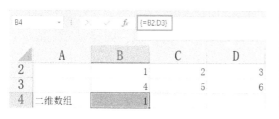

●图 5-47　二维数组

●图 5-48　数组相乘运算

单击公式，按〈F9〉键，如图 5-48 所示为数组公式的运行结果。不难发现其运算逻辑为{1 * 3,4 * 2,2 * 4,5 * 3}。

【案例 5-16】汇总商品销售总额。

对图 5-49 所示的商品销售数据计算销售总额。此案例会通过三种不同的方法来计算，以使读者更好地体会数组公式解决问题的简单、快速。

方法一：先求出各商品的销售额，然后再求总和。计算公式及相应结果如图 5-50 所示。

	A	B	C
1	品名	销售单价	销售数量
2	商品1	¥20.00	100
3	商品2	¥15.00	200
4	商品3	¥38.00	300
5	商品4	¥191.00	107
6	商品5	¥61.00	858
7	商品6	¥34.00	402
8	商品7	¥374.00	654
9	商品8	¥434.00	126

●图 5-49　销售数据

	A	B	C	D	E
1	品名	销售单价	销售数量	销售单价*销售数量	结果
2	商品1	20.00	100	=B2*C2	2000
3	商品2	15.00	200	=B3*C3	3000
4	商品3	38.00	300	=B4*C4	11400
5	商品4	191.00	107	=B5*C5	20437
6	商品5	61.00	858	=B6*C6	52338
7	商品6	34.00	402	=B7*C7	13668
8	商品7	374.00	654	=B8*C8	244596
9	商品8	434.00	126	=B9*C9	54684

●图 5-50　方法一

方法二：直接在 B2 单元格输入公式"=SUM(B2 * C2,B3 * C3,B4 * C4,…)"，计算公式及结果如图 5-51 所示。该方法效率低，实现费时。

方法三：使用数组公式，在 D2 单元格输入公式"=SUM(B2:B9 * C2:C9)"，按快捷键〈Ctrl+Shift+Enter〉运行公式，函数公式及运行结果如图 5-52 所示。

	A	B	C
1	品名	销售单价	销售数量
2	商品1	20	100
3	商品2	15	200
4	商品3	38	300
5	商品4	191	107
6	商品5	61	858
7	商品6	34	402
8	商品7	374	654
9	商品8	434	126
10	总计	=SUM(B2*C2, B3*C3, B4*C4, B5*C5, B6*C6, B7*C7, B8*C8, B9*C9)	402123

●图 5-51　方法二

	A	B	C
1	品名	销售单价	销售数量
2	商品1	20	100
3	商品2	15	200
4	商品3	38	300
5	商品4	191	107
6	商品5	61	858
7	商品6	34	402
8	商品7	374	654
9	商品8	434	126
10	总计	=SUM(B2:B9*C2:C9)	402123

●图 5-52　方法三

【案例 5-17】 多条件求和。

根据图 5-53 所示的工资明细表，使用数组公式求出销售部所有女同事的工资总和。在 B8 单元格输入公式 "= SUM((B2 : B7 = " 销售") * (C2 : C7 = " 女") * D2 : D7)"，按快捷键 〈Ctrl+Shift+Enter〉 运行。如图 5-54 所示为计算结果。

	A	B	C	D
1	姓名	部门	性别	工资
2	张力	销售	男	3500
3	王洪	销售	女	4500
4	孙天	运营	男	4000
5	赵达理	销售	女	6000
6	张宏	人事	男	4500
7	李欣	销售	女	6500

●图 5-53　工资明细表

B8　=SUM((B2:B7="销售")*(C2:C7="女")*D2:D7)

	A	B	C	D
1	姓名	部门	性别	工资
2	张力	销售	男	3500
3	王洪	销售	女	4500
4	孙天	运营	男	4000
5	赵达理	销售	女	6000
6	张宏	人事	男	4500
7	李欣	销售	女	6500
8	销售部女员工工资总计：	17000		

●图 5-54　销售部女员工工资

选择公式，按〈F9〉键显示计算过程。如图 5-55 所示，可以发现(B2:B7)和(C2:C7)两个数组，首先判断相应条件的逻辑值，结果为｛TRUE；TRUE；FALSE；TRUE；FALSE；TRUE｝和｛FALSE；TRUE；FALSE；TRUE；FALSE；TRUE｝。TRUE 为 1，FALSE 为 0，随后数组相乘，结果为｛0；1；0；1；0；1｝。最后再与数组｛3500；4500；4000；6000；4500；6500｝相乘求和。数组公式中 " * " 其实也可以理解成逻辑判断中 "且" 的关系，类比函数公式 AND()。

fx　=SUM(｛TRUE，TRUE，FALSE，TRUE，FALSE，TRUE｝*｛FALSE，TRUE，FALSE，TRUE，FALSE，TRUE｝*｛3500，4500，4000，6000，4500，6500｝)

●图 5-55　数组求和运算过程

【案例 5-18】 判断身份证长度是否正确。

使用三种方法判断图 5-56 所示的身份证号长度是否正确。其中数组常量可以包含数字、文本、逻辑值等，但是不能包含公式、函数或其他数组。如｛1,2,3,4｝就为一个数组常量。

	A	B	C	D	E
1	姓名	身份证	判断结果（数组）	判断结果（数组常量）	判断结果（函数公式）
2	张**	511025198503196191			
3	孙**	43250319881230435			
4	李*	511025770316628			
5	李**	130301200308090514			
6	吴*	130502870529316			
7	赵*	432503860923517			
8	郑**	511022196802306112			
9	张*	13030119990620515X			
10	周*	43250278065174			
11	陈**	511102519770613517			

●图 5-56　身份证号详情

方法一：使用数组公式。选择 C2：C11 区域，在 C2 单元格输入公式"= IF（（LEN（B2：B11）= 15）+（LEN（B2：B11）= 18），TRUE，FALSE）"，按快捷键〈Ctrl+Shift+Enter〉运行。数组公式中的"+"可以理解成逻辑判断中或的关系，类比函数公式的 OR（）。

方法二：使用数组常量。选择 D2：D11 区域，在 D2 单元格输入公式"= OR（LEN（B2）= {15,18}）"，按快捷键〈Ctrl+Shift+Enter〉运行。

方法三：使用函数公式。直接在 E2 单元格输入公式"= OR（LEN（B2）= 15，LEN（B2）= 18）"，下拉填充。如图 5-57 所示为最终判断结果。

	A	B	C	D	E
1	姓名	身份证	判断结果（数组）	判断结果（数组常量）	判断结果（函数公式）
2	张**	5110251985031 96191	TRUE	TRUE	TRUE
3	孙**	432503198812 30435	FALSE	FALSE	FALSE
4	李*	5110257703166 28	TRUE	TRUE	TRUE
5	李**	1303012003080 90514	TRUE	TRUE	TRUE
6	吴*	130502870529316	TRUE	TRUE	TRUE
7	赵*	432503860923517	TRUE	TRUE	TRUE
8	郑**	5110221968023 06112	TRUE	TRUE	TRUE
9	张*	13030119990620515X	TRUE	TRUE	TRUE
10	周*	43250278065174	FALSE	FALSE	FALSE
11	陈**	5110251977061 3517	FALSE	FALSE	FALSE

●图 5-57　判断身份证长度结果

5.5.2　SUMPRODUCT 函数（SUMIFS 对比）

在前面的章节已经介绍了使用数组公式进行多条件求和的方法，但是难免有些同学会忘记按快捷键〈Ctrl+Shift+Enter〉运行。Excel 中的 SUMPRODUCT（）函数很好地解决了这个问题。

SUMPRODUCT（）本身支持数组间的运算，因此只需按〈Enter〉键运行便可得到正确结果。

在使用该函数时需要注意：各数组必须有相同的维数；数组元素不能有错误值。

其语法形式为 SUMPRODUCT（array1，［array2］，［array3］，…），在给定的几组数组中，将数组间对应的元素相乘，并返回乘积之和。

【案例 5-19】使用 SUMPRODUCT（）函数统计各商品销售额。

根据图 5-58 中的各产品销售明细，使用 SUMPRODUCT（）汇总相应产品三天总销售额到图中对应的单元格中。

在 G3 单元格输入公式"=SUMPRODUCT（（$A$2：$A$12=F3）*（$B$2：$D$12））"，按〈Enter〉键运行，下拉填充。如图 5-59 所示为运行结果。

【案例 5-20】使用 SUM（）、SUMIFS（）及 SUMPRODUCT（）统计大于 100 的产量。

根据图 5-60 所示的各机台产量，使用三种不同的方法汇总。

	A	B	C	D	E	F	G
1	商品	周一	周二	周三			
2	剃须刀	39	75	38		商品	销售额
3	洗脸盆	85	34	17		剃须刀	500
4	铅笔	10	71	80		洗脸盆	520
5	毛巾	90	53	47		铅笔	307
6	剃须刀	75	58	55		毛巾	368
7	剃须刀	13	87	60			
8	洗脸盆	78	50	75			
9	毛巾	17	22	30			
10	洗脸盆	50	58	73			
11	铅笔	33	98	15			
12	毛巾	82	17	10			

商品	销售额
剃须刀	500
洗脸盆	520
铅笔	307
毛巾	368

●图 5-58　产品销售明细　　　　●图 5-59　产品销售汇总

	A	B	C	D	E	F	G
1	机台	产量			SUM()	SUMIFS()	SUMPRODUCT()
2	1#	97		产量大于100的合计			
3	2#	125					
4	3#	107					
5	4#	97					
6	5#	93					
7	6#	108					
8	7#	115					
9	8#	89					
10	9#	101					
11	10#	90					

●图 5-60　各机台产量

方法一：使用 SUM( )。在 E2 单元格输入公式" = SUM((B2:B11>100) * B2:B11)"，按快捷键〈Ctrl+Shift+Enter〉运行。

方法二：使用 SUMIF( )。在 F2 单元格输入公式" = SUMIF(B2:B11," >100")"，按〈Enter〉键运行。由于直接对 B2:B11 单元格区域求和，所以求和范围参数可省略。

方法三：使用 SUMPRODUCT( )。在 G2 单元格输入公式" = SUMPRODUCT((B2:B11>100) * B2:B11)"，按〈Enter〉键运行。如图 5-61 所示为三种函数公式运行结果。

D	E	F	G
	SUM	SUMIFS	SUMPRODUCT
产量大于100的合计	556	556	556

●图 5-61　SUM、SUMIFS 及 SUMPRODUCT 运行结果

【案例 5-21】使用 SUMPRODUCT( )统计小于 100 或者大于 110 的产量。

使用 SUMPRODUCT( )对图 5-62 的各机台产量表统计小于 100 或者大于 110 的产量。在 E5 单元格输入公式" = SUMPRODUCT(((B2:B11<100) + (B2:B11>110)) * B2:B11)"，如图 5-62 所示，这里的"+"号表示或的关系。

●图 5-62　小于 100 或者大于 110 的产量函数公式及结果

5.5.3　FREQUENCY 函数

之前在 5.2.3 节中已经给大家介绍了 FREQUENCY( ) 为数组函数，本小节主要通过实际案例来使大家更好的理解该函数。对图 5-63 所示的学生成绩求出对应分数区间的人数。

●图 5-63　学生成绩表

首先在 G 列插入分隔点，如图 5-64 所示。

在选中 H2:H6 单元格区域，输入公式"= FREQUENCY(D2:D13,G2:G6)"，按快捷键〈Ctrl+Shift+Enter〉运行。结果如图 5-65 所示。

A	B	C	D	E	F	G	H
序号	姓名	班级	成绩		分数区间	分隔点	人数
1	赵思露	三班	50		60分以下	60	
2	汪涵	三班	60		60-70	70	
3	李青	三班	70		70-80	80	
4	田佳琪	三班	100		80-90	90	
5	夏利	三班	97		90-100		
6	张航	三班	86				
7	杜汉	三班	73				
8	田七	三班	83				
9	李铭	三班	97				
10	刘璐楠	三班	67				
11	韩曙	三班	94				
12	陈思涵	三班	62				

● 图 5-64　插入辅助列分隔点

A	B	C	D	E	F	G	H
序号	姓名	班级	成绩		分数区间	分隔点	人数
1	赵思露	三班	50		60分以下	60	2
2	汪涵	三班	60		60-70	70	3
3	李青	三班	70		70-80	80	1
4	田佳琪	三班	100		80-90	90	2
5	夏利	三班	97		90-100		4
6	张航	三班	86				
7	杜汉	三班	73				
8	田七	三班	83				
9	李铭	三班	97				
10	刘璐楠	三班	67				
11	韩曙	三班	94				
12	陈思涵	三班	62				

● 图 5-65　分数区间人数

本章给大家介绍了 Excel 常用函数的应用。这些函数在日常的数据处理中基本够用，面对一些复杂问题时，大家还是需要借助相关函数学习文档进行学习，这样才能在数据分析的路上越走越远。

第 **6** 章

Excel 各类图表制作

数据可视化是数据分析中特别重要的一个环节,可以充分展示数据所要呈现的内容。数据分析提取到信息以后,如何确保这些信息能够充分表达出来呢?通过绘制表格,得到的信息往往不会很直观,但是当将表格转化为图表,比如柱形图、折线图、饼图等其他图形时,便一目了然。因此,可视化是分析师呈现问题,说明结果的一种必备的能力,无论在探索性分析,还是在写报告时,都离不开各类数据的可视化展示。可视化能将数据以更加直观的方式展现出来,使数据更加客观、更具说服力,在各类报表和说明性文件中,用直观的图表展现数据,更简洁、可靠。

6.1 如何制作图表

本小节主要介绍了图表在平时工作时的作用,以及如何在使用图表时避免常见的错误,并总结了图表制作的思路。最后介绍了 Excel 的图表功能区。

6.1.1 图表的作用

一份优秀的报告,往往是图文相配的。文字能很好地描述报告的内容,图表能清晰展示报告内容中的重点指标。但是如果没有掌握好图表的应用技巧,没有对不同图表用途的深刻理解,往往会出现图文不符的情况。使得报告中图表不但没有更好的展示内容,还显得非常累赘,甚至加重了阅读者浏览报告的时间成本。

所以,好的图表,应当起到呈现关键信息,让读者快速抓到重点的作用。

6.1.2 作图时常常犯的错误

一起看看以下几个图文不符的例子,究竟是哪里不符,哪里需要进一步修改?

【案例 6-1】错误示范 1。

在一个报告中,报告者用图 6-1 两张条形图想说明**网红直播电商的主要消费群体是年轻人**。两张图分别描述了两个主播的粉丝年龄群体。

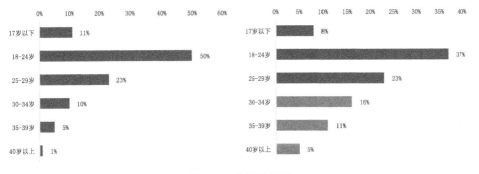

●图 6-1 错误效果图 1

119

乍一看这个图好像也没有什么大问题，但是细看就会发现这两张图是为了作图而作图，并没有很好的帮助报告去呈现事实。主要有以下几点问题。

1）没有整体的标题，使得图表没有主题信息。

2）没有用相同的坐标轴。Excel 在作图的时候会根据整体的数据情况去调整坐标轴的数值范围，但是当这两张图放在一起时，需要使用相同的坐标轴数值范围。

3）由于是两个主播的用户群体，应当在图中标明具体是哪个主播。

4）可以借助图形颜色标注出究竟哪些是年轻群体，而不是只将群体最多的一组人标出。

总结出以上问题后，将图表重新修改制作，呈现出如图 6-2 所示的样式。

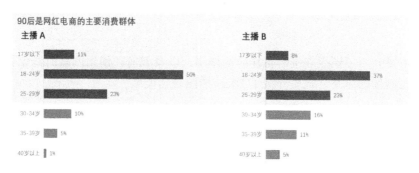

●图 6-2　改良效果图 1

修改方案总结。

1）将年轻群体这个泛化概念具体到 **90 后**，并且用红色标记出代表 **90 后**的柱子。

2）标题直接点明主题 **90 后是网红电商的主要消费群体**。

3）将坐标轴的范围调整一致，使两边对照起来更加和谐。

4）给每张图加上主播的名字。

【案例 6-2】错误示范 2。

某报告中用图 6-3 描述从 2010 年开始双 11 交易金额上涨迅猛，并且预测 2019 年可以达到 6000 亿的交易规模。

图 6-3　错误效果图 1

图 6-3 中的问题非常明显，总结如下。

1）许多刻度信息重叠到了一起，非常不清晰。

2）应当在标题处说明交易额的单位。

3）因为 2019 年在这图中是预测数据，如果没有特殊的颜色会让读者误以为是事实数据。这里推荐当遇到预测数据时做透明度处理。

4）可以去掉多余的刻度线，让整体图片显得干净，并增加图例。

5）其实双 11 交易额每年增长都非常的明显，但是折线图的环比呈现了很明显的向下趋势，容易给读者造成第一感官的误解。

总结出以上问题后，将图表重新修改制作，呈现出如图 6-4 所示的样式。

修改方案总结。

1）在标题中体现出这个图表的数值量级——亿元。

2）首先没有 2009 年的信息，所以完全可以省掉一个环比指标。

3）因为图中有折线图也有柱形图，分别代表了年环比增长趋势和年交易额，通过添加图例的方式方便读者阅读。

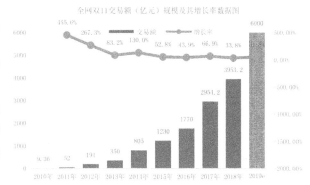

●图 6-4　改良效果图 2

4）将代表 2019 年的预测柱子进行了透明度的调整，代表这是一个预测值。

5）对副坐标轴的范围进行调整，这样折线图可以被抬高并且变得平缓，既可以很好地表达了双 11 交易额逐年稳步增长的趋势，也可以很好地避免了数字标签重叠的问题。

【案例 6-3】错误示范 3。

某报告中，文字描述为从 2015-2018 年，天猫双 11 交易额占中国社会消费品零售总额的比例分别为 0.3%、0.36%、0.46% 及 0.56%；2017-2018 年京东双 11 期间交易额占中国社会消费品零售总额的比例分别为 0.35% 和 0.42%。2018 年，两大巨头天猫、京东占比加起来接近 1%。对于这段文字描述，报告中给出了如图 6-5 所示的展示方案。

这个例子的文字叙述比较长，先来简单解读一下，其实主要描述的就是 2015-2018 年天猫和京东（京东是 2017 年才有数据）双 11 占中国社会消费品零售总额的比例。解读完数据，再来看图 6-5 的呈现有什么问题：图中信息过于冗余，其实只是想描述两家电商平台的销售额占比，但是图中还出现了中国社会消费品零售总交易额的信息，无法突出重点信息。

总结出以上问题后，将图表重新修改制作，呈现出如图 6-6 所示的样式。

修改方案总结。

1）文案内容更多的是 2015-2018 年天猫和京东的双 11 销售额占比，所以这时可以适当放弃不必要的数据。

2）原图中的折线图和中国社会消费品零售总额放在了一起，且折线图甚至落在了柱形图上方，容易给读者造成一种天猫、京东占了整体市场的错觉。

3）放弃市场销售额的柱形图，如果需要可以另作一张图。另外可以用色块突出 1% 这个整体占比的信息。

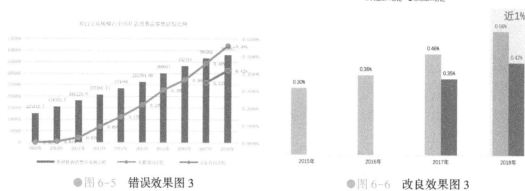

●图 6-5 错误效果图 3   ●图 6-6 改良效果图 3

6.1.3 图表制作方法总结

图表制作方法总结如下。

1）图表制作要遵从"至凡至简"的原则，少即是多，在数据分析结果经过自己专业的思维进行思考沉淀后，把最重要的关键信息用最合理的可视化方案进行描述。

2）图表是需要从复杂的数据中挖掘出背后的信息，方便读者快速了解数据背后的相关性与真相。

3）作图核心步骤。

- 获取数据，进行数据清洗，分析数据类型。
- 将数据绘制成一个可视化图表。
- 观察图表，分析数据字段映射成图形的属性是否合理。
- 对图形进行调整。

核心原则就是以上几条。其实并不难，那如何才能很好地按照这几条原则进行图表制作呢？首先需要掌握不同图表有哪些特征和应用场景，接着需要掌握不同图表的制作方法以及图表元素对图表的描述与帮助。下面将带大家学习 Excel 中不同图表的制作方法，同时会结合数据让大家理解面对不同数据应该选择哪个图表方案。

6.1.4 Excel 图表制作功能区介绍

Excel 的图表功能区位于"插入"选项卡中，如图 6-7 所示。

通过选中相关数据，并且单击图 6-7 右下角的 ⤢ 按钮可以打开"插入图表"的对话框，如图 6-8 所示。从图 6-8 中可以看到 17 大类图表，包括柱形图、折线图、饼图、条形图、面积图、XY（散点图）、地图、股价图、曲面图、雷达图、树状图、旭日图、直方图、箱形图、瀑布图、漏斗图、组合图。

在 Excel 提供的这么多可视化方案中，到底应该选用哪个会更好呢？接下来就结合不同的例子来看到底应该如何选择图表类型。

●图6-7 图表功能组　　　　　　　●图6-8 插图表对话框

6.2 常用图表制作方法和思路

本节介绍了常用的图表以及它们的使用方法，包括柱形图、条形图、散点图、折线图、面积图、饼图、环形图。

6.2.1 柱形图

柱形图是使用垂直的柱子显示类别之间对应的数值大小，一般横轴会使用分类型数据，纵轴使用连续型数据。

使用场景如下。

1）描述不同**分类型数据**数值的大小。

2）展示**时间序列型数据**的趋势变化。

3）展示不同分类型数据的排名顺序。

柱形图的常见形态如下。

1）普通柱形图：展示单一**分类型数据**的大小对比、排名，或者**时间序列型数据**的单一趋势。

2）并列柱形图：展示两类或两类以上**分类型数据**的大小对比、排名，或者**时间序列型数据**的多项趋势。

3）堆积柱形图又分为两类。

- 普通堆积柱形图：展示**分类型数据**的内部结构分布。
- 百分比堆积柱形图：展示**分类型数据**整体内部的相对占比。

【案例6-4】柱形图案例1。

有一组汇总好的一线城市销量数据，如图6-9所示。

一线城市产品销量

	产品A	产品B
北京	335	416
上海	767	454
广州	715	634
深圳	316	505

●图6-9 产品销量表

针对这份数据，柱形图能如何制作呢?

1) 普通柱形图: 分别体现产品 A 和产品 B 在不同城市的销量大小，如图 6-10 所示。

在图 6-10 中北京、上海、广州、深圳就是分类型数据，作为横坐标，具体的销量就属于连续型数据，作为纵坐标控制每个柱子的大小。从图 6-10 中可以看到产品 A 和产品 B 的销量对比情况。

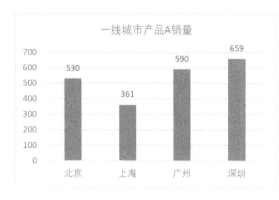 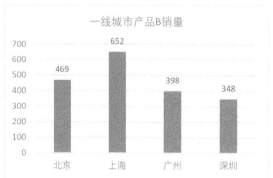

●图 6-10 柱形图效果图

如果对数据表格中的数值进行排序，就能获得柱子由高到低或者由低到高的有序柱形图，如图 6-11 所示，可以进一步体现城市之间的销量排名。

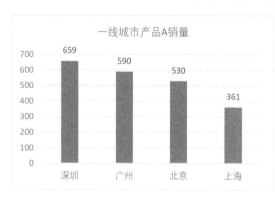 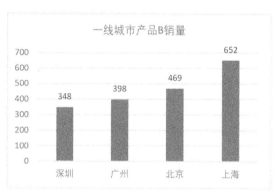

●图 6-11 有序柱形图效果图

2) 并列柱形图: 如果想在一张图中同时体现产品 A 和产品 B 的销量，可以直接使用并列柱形图，如图 6-12 所示。

和普通柱形图相比，并列柱形图展示的信息更多，除了可以看城市之间的销量对比，还可以直观地看出在不同城市，哪个产品销量更好。比如可以看出产品 A 的整体销量更好一些，但是在上海地区，产品 B 更加受欢迎。而这一点在普通柱形图上并不能直观体现。核心原因是在并列柱形图中，每一个系列的数据都使用共同的纵坐标轴范围。

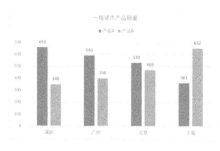

●图 6-12 并列柱形图效果图

3）堆积柱形图：普通堆积柱形图可以体现出每个城市的整体销量大小，百分比堆积柱形图可以展现出每个城市中不同产品的销量占比，如图 6-13 所示。

Excel 提供了**数据标签**图表功能，只需要勾选，数据标签就可以自动标注在相应位置上。如何在百分比堆积柱形图上添加百分比形式的标签，将在本书的 7.1.4 数据标签小节中详细讲解。

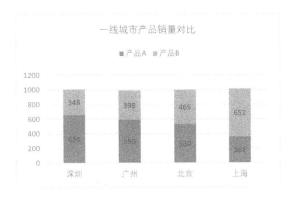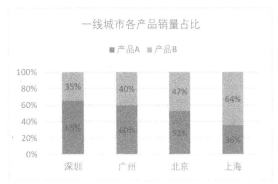

● 图 6-13　堆积柱形图效果图

【案例 6-5】柱形图案例 2。

一线城市 1~12 月份的销量数据，如图 6-14 所示。

针对这组数据，依然可以使用柱形图展示销量趋势，如图 6-15 所示。从图 6-15 中可以看出，两个产品在 1~9 月销量都稳定上涨，在 10 月份时销量断崖骤减。如果在实际业务中遇到这样的情况，可以再进一步分析骤减原因。

一线城市1-12月销量	产品A	产品B
1月	118	130
2月	120	147
3月	165	165
4月	171	171
5月	188	169
6月	195	164
7月	200	211
8月	219	195
9月	240	197
10月	134	151
11月	138	137
12月	153	153

● 图 6-14　产品销量表

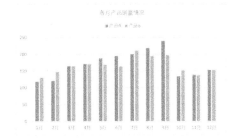

● 图 6-15　用并列柱形图看趋势

6.2.2　条形图

条形图是柱形图的转置，一般横轴会使用连续型数据，纵轴使用分类型数据。

1. 使用场景

条形图的使用场景和柱形图差不多，不太适合展示时间序列型数据的趋势，但是能更好地体现分类型数据的排名。其实漏斗图也是条形图的一种变形。

1）描述不同**分类型数据**数值的大小。

2）展示不同**分类型数据**的排名顺序。

2. 条状图的常见形态

条形图的常见形态和柱形图也很相似，在使用过程中，可以结合报表排版、风格等因素在柱形图和条形图中进行挑选。

1）普通条形图：展示单一**分类型数据**的大小对比、排名。

2）并列条形图：展示两类或两类以上**分类型数据**的大小对比、排名。

3）堆积条形图又分为两类。

- 普通堆积条形图：展示**分类型数据**的内部结构分布。
- 百分比堆积条形图：展示**分类型数据**整体内部的相对占比。

【案例 6-6】条形图案例。

有一组产品销量数据，如图 6-16 所示。

可以将数据降序处理后，直接制作生成条形图，如图 6-17 所示。可以很方便地看出产品 B 销量第一。

	销量
产品 A	434
产品 B	561
产品 C	524
产品 D	397
产品 E	350
产品 F	423

●图 6-16　产品销量表

●图 6-17　用条形图表示排名

6.2.3　散点图

散点图是由若干个点组成的图像，一般由两组**连续型数据**对应组成坐标点确定每一个散点的坐标位置。

使用场景如下。

散点图多用于研究数据的分布规律和相关性，并不侧重描述具体每个数据点的取值。

1）展示探索双变量之间的相关关系（正相关、负相关、非相关等），散点图一般用于研究两变量的关系，对应的数据形式为（x，y）。

2）展示数据点在直角坐标平面上的分布。

3）在探索因变量随自变量的变化情况时，会在做拟合、回归之前做散点图大致确定拟合函数。

【案例 6-7】散点图案例。

如图 6-18 所示是 10 个人的身高和体重的记录。

身高和体重都是**连续型数据**，如果要探索身高和体重之间的关系，可以用到散点图，如图 6-19 所示。

选中这份数据，选择生成散点图，就会出现如图 6-19 所示的图表。横轴代表身高，纵轴代表体重。每一组身高、体重决定一个点的坐标。可以清晰地看出随着身高的增长体重也随之增长，也就是说身高和体重呈正相关性。如果想进一步观察两个变量的回归情况，可以增加一条趋势线，如图 6-20 所示。

身高（cm）	体重（kg）
179	71.30
155	49.41
155	49.50
160	54.00
163	53.81
169	67.02
174	67.83
177	68.61
184	75.60
159	53.52

●图 6-18　身高体重表　　　　●图 6-19　散点图效果图　　　　●图 6-20　散点图加上趋势线

6.2.4　折线图

折线图是由一条或多条平滑曲线构成的图像。用来反映数据的变化趋势，一般横轴会使用**时间序列型数据**或有序型数据，纵轴使用**连续型数据**。

使用场景如下。

1）描述指标在连续时间间隔上的变化趋势（比如递增、递减、增减的速率等）。

2）描述指标在连续时间间隔上的变化规律（比如变化的周期性、季节性、螺旋性、峰值等）。

3）展示多组数据随时间变化的相互作用和相互影响。

4）通过往期变化趋势，预测未来的趋势。

【案例 6-8】折线图案例 1。

如图 6-21 所示是某电商一年中每个月的销售额情况。

首先月份是**时间序列型数据**，销售额是**连续型数据**。此时就可以用折线图绘制销售额全年的趋势图，如图 6-22 所示。从整体趋势上，可以看出全年的销售额是稳步上涨的。

月份	销售额（万元）
1月	313
2月	336
3月	365
4月	402
5月	465
6月	508
7月	586
8月	676
9月	694
10月	708
11月	756
12月	803

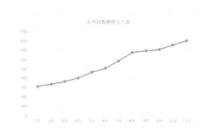

●图 6-21　每月销售业绩表　　　　　　●图 6-22　折线图效果图

【案例 6-9】折线图案例 2。

如图 6-23 所示是多个渠道的销售额情况。

这份数据很明显，月份是**时间序列型数据**，各个渠道的销售额是**连续型数据**。可以使用多折线图呈现，如图 6-24 所示。从图 6-24 中可以看出渠道 A 和渠道 B 都是稳定上涨的趋势, 而渠道 C 是一个持续走低的趋势。

月份	渠道A	渠道B	渠道C
1月	303	379	948
2月	326	376	931
3月	355	433	859
4月	392	466	848
5月	455	530	828
6月	498	582	696
7月	576	641	658
8月	666	744	598
9月	684	750	551
10月	698	785	487
11月	746	831	453
12月	793	849	435

●图 6-23　渠道销售数据表

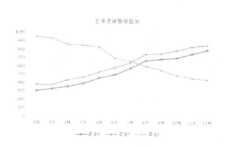

●图 6-24　多系列折线图

6.2.5　面积图

面积图又称区域图, 面积图是折线图的一种填充形式, 也可以用来反映数据的变化趋势, 一般横轴会使用**时间序列型数据**或**有序型数据**, 纵轴使用**连续型数据**。

使用场景如下。

1) 相对于折线图, 面积图更加强调变量随时间而变化的程度。

2) 也可用于引起读者对总值趋势的注意。

面积图的常见形态如下。

1) 普通面积图。

2) 堆积面积图。堆积面积图可以显示部分与整体的关系。

- 普通堆积面积图: 展示**分类型数据**的内部结构分布。
- 百分比堆积面积图: 展示**分类型数据**整体内部的相对占比。

【案例 6-10】 面积图案例。

这里还是使用折线图中的渠道销售额数据为读者演示解读面积图, 如图 6-23 所示, 是多个渠道的销售额情况。

数据类型已经在上一小节中说明, 可以直接来看呈现的效果, 如图 6-25 所示。

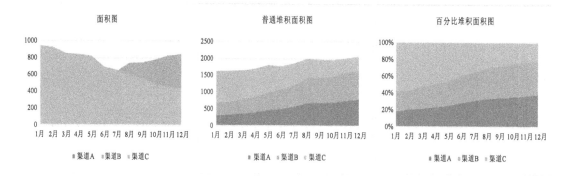

●图 6-25　多系列面积图

6.2.6 饼图

饼图是由多个大小不一的扇形组成的圆形图，利用面积或弧长展示各类别占整体的比例。一般使用**分类型数据**作为饼图的分割，用对应的比例控制饼图中扇形的大小。

使用场景如下。

1）用于展示分类型数据中各分类占整体的比例。

2）突出显示某一类的占比。

【案例 6-11】饼图案例。

如图 6-26 所示是各个公司的市场占有率。

针对占比型数据，可以直接用饼图呈现，如图 6-27 所示。如果是 D 公司员工，也可以在汇报时选中 D 公司的扇形图部分进行"点分离"设置，将 D 公司做一个突出显示，如图 6-28 所示。突出显示的具体操作可以打开"设置数据点格式"工具栏，如图 6-29 所示，可以对"点分离"进行调节，调整到适当位置即可。

公司名称	市场占有率
公司A	6%
公司B	12%
公司C	24%
公司D	33%
公司E	11%
公司F	14%

●图 6-26 各公司的市场占有率表

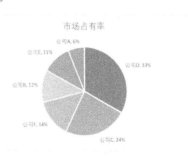

●图 6-27 市场占有率饼图

●图 6-28 饼图部分突出显示

●图 6-29 设置数据点格式

【案例 6-12】子母饼图案例。

如图 6-30 所示是多个公司的市场占有率，也是比例问题的可视化需求。和上个案例不同的是分类比较多。

针对这种分类较多的数据，如果按照相同的方法生成饼图，就容易出现标签重叠，小比例的数据看不清楚等问题，如图 6-31 所示。这时可以选择"子母饼图"或者"复合条饼图"，这两个形式设置和使用效果差不多，这里以"子母饼图"举例，如图 6-32 所示。

默认的"子母饼图"并不是很和谐，可以右击图表打开"设置数据系列格式"工具栏，如图6-33所示。其中"第二绘图区中的值"表示子图中的类别，这里可以填写"3"，Excel便会将这个系列数据中最后3个分类划入子图中。其次可以调节"第二绘图区大小"，将子图缩小一定比例。

公司名称	市场占有率
公司D	30%
公司C	23%
公司F	13%
公司B	12%
公司E	10%
公司A	6%
公司G	3%
公司H	2%
公司I	1%

●图 6-30　市场占有率表

●图 6-31　传统饼图的弊端

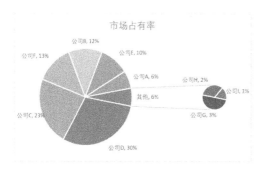

●图 6-32　子母饼图

●图 6-33　子母饼图设置参数参考

6.2.7　环形图

环形图和饼图是类似的，不同的是环形图中间是空的。所以除了饼图的作用以外，在圆心位置还可以放置关键标签，比如整体数据总和、平均值或其他重要信息等。通常使用的数据类型、使用场景和饼图是一致的。这里就不对环形图再举例了。

环形图和饼图具有极高的相似性，也存在着共同的优缺点。接下来针对它们的特征，总结了环形图和饼图的使用技巧以及不适用的场景。

1. 环形图和饼图的使用技巧

1）可以将想要突出的重要分类放在12点钟方向，甚至可以调节圆心距离使这部分扇形突出显示。

2）在没有明显要求要按重要程度排序时，可以按照从大到小依次排列。

3）数据标签可以根据实际情况使用值或者百分比进行显示。

2. 环形图和饼图不适用的场景以及应对方案

1）环形图和饼图随着分类的增多，切片的数量也增多，切片增多会使每个切片之间的大小区分不明显。这样会失去使用饼图的意义，所以如果遇到需要对比不同类别的占比的情况，环形图和饼图并不适用。可以将不重要的类别归为一个"其他"类处理，或者改用柱形图、条形图处理。

2）因为环形图和饼图描述的是相对占比情况，所以无法用多个饼图进行数值的比较。可以用多层环形图进行展示。

3）环形图和饼图的意义是整体与部分的占比关系，整个圆（环形）代表整体，也就是代表"1"，所以对去重的数据并不适用。只适用于各分类加和等于整体的数据结构。

6.3 进阶图表制作方法和思路

本节介绍了使用场景较少的图表以及它们的使用方法，包括雷达图、气泡图、旭日图、直方图、箱形图、瀑布图、漏斗图、组合图、迷你图。

6.3.1 雷达图

雷达图是将多个维度的数据映射到不同的坐标轴上，每个坐标轴起始于同一圆心，结束于圆周边缘，在这样的坐标系下将每个坐标轴上的落点用线连接成的封闭的多边形称为雷达图。

使用场景如下。

1）展示一个主体在不同维度下的数值表现。

2）可用于对比多个主体在同一雷达图上各维度的表现。

3）可用于查看哪些变量具有相似数值，或者每个变量中有没有任何异常值。

4）查看数据集中哪些变量得分较高/低。

【案例6-13】雷达图案例1。

如图6-34所示是两个装修方案的预算。

这组数据的主体都是一样的，都是这座房子，每个功能区的预算量级也基本一致。这种情况下很适合用雷达图，绘制效果如图6-35所示。

功能区	方案A预算（万）	方案B预算（万）
餐厅	2.3	1.5
厨房	1.5	1.2
客厅	2.5	3
卫生间	1	1.2
卧室	2	3
多功能室	3	2.3

● 图6-34 装修方案预算表

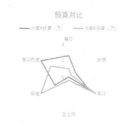

● 图6-35 装修预算雷达图

【案例6-14】雷达图案例2。

还有很多情况下，雷达图可以不依托具体的数据，描述一种主观的感觉。比如酒吧的酒水单上会用雷达图去描述酒的口感。这种雷达图一般由个人的主观感受，虚拟出来一组简单的数据来绘制，如图 6-36 所示。在这种情况下，数据没有具体意义，所以可以隐藏坐标轴。

雷达图的主要缺点。

1）不能用于展示过多维度的变量，过多变量也会导致出现太多的轴线，使图表难以阅读，变得复杂。一般情况下变量控制在 3 ~ 6 个。

2）各维度变量的数值大小需标准化到同一度量范围内，所以它不能很有效地比较每个变量的数值。

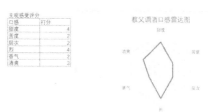

●图 6-36　调酒口感雷达图

6.3.2　气泡图

气泡图是由大小不一的圆形组成的图像。一般由两到三个维度的数据组成，一般都会采用**连续型数据**。它与散点图类似，绘制时将一个变量放在横轴，另一个变量放在纵轴，而第三个变量则用气泡的大小来展示，气泡的大小是用气泡的面积进行映射的，所以气泡图对应的数据形式为(x,y,z)。

使用场景如下。

1）可用于展示两到三个变量之间的关系。

2）两变量时，分类变量放在横轴，数值变量放在纵轴，气泡的大小和高度代表数值变量大小；气泡图也可用于分析数据之间的相关性。

【案例 6-15】气泡图案例。

如图 6-37 所示是不同商品的销售情况，包括销量、销售额、利润率三个信息。

从图 6-37 中可以看出，每个商品的销售情况都由 3 个**连续型变量**构成，这时可以用气泡图进行展示。这里将销量和销售额分别定位 x 轴和 y 轴坐标，将利润率这个变量映射到气泡的面积上，如图 6-38 所示。在气泡上可以显示出利润率的数据标签，使得整体效果信息完整。气泡图的数据标签默认使用 y 轴数据，可以右击数据标签打开"设置数据标签格式"工具栏进一步设置标签显示内容，如图 6-39 所示。

商品名称	销量	销售额	利润率
A	425	6417	45.0%
B	433	3178	12.3%
C	443	2004	58.5%
D	365	4045	33.0%
E	120	7203	56.0%
F	241	7741	84.0%

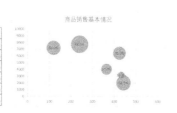

●图 6-37　商品销售情况表　　　●图 6-38　商品销售情况气泡图　　　●图 6-39　设置数据标签格式工具栏

6.3.3　旭日图

旭日图是一种现代饼图，也称为多层饼形图或径向树图。它的作图逻辑和多层环形图类似。它超越传统饼图和环形图，能清晰展示层级的归属关系，是层层包含关系。在旭日图中，中心圆表示根节点，层次结构从根节点往外推移。越近内圈表示级别越高，相邻的两层是内层包含外层的关系。

它的使用场景：需要展示更细的溯源和分析数据，了解各层级中数据的具体构成。

【案例6-16】旭日图案例。

图6-40是一张常见的按照季度-月份-周透视的销量表。

这类型的数据就是明显的包含关系，可以直接生成旭日图，如图6-41所示。旭日图可以理解为多层环形图。最内圈的圆环是最高层级，依次对应往外。

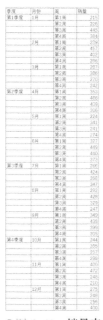

●图6-40　销量表

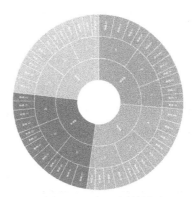

●图6-41　旭日图效果图

旭日图的缺点很明显，它非常占用画布空间，如果想把图中的各个细节信息都清晰显示，可能一页报告上只能放一张图。它的优点是可以帮助读者梳理整体和局部的包含关系和占比。

6.3.4　直方图

直方图是由若干个相邻的柱子组成的分布图。一般由一组**连续型数据**绘制而成，会根据操作者对这组连续型数据分组的多少进行每组数量的统计。

使用场景如下。

1）适合用来显示在连续间隔或特定时间段内的数据分布。

2）直方图可粗略显示概率分布。

【案例6-17】直方图案例。

如图6-42所示，这里记录着一个年级98个人的数学成绩（图片有省略）。

可以利用这组数据绘制直方图，看一下成绩整体分布，如图6-43所示。直方图的横坐标由这组数据的最大值、最小值以及分项数确定。可以通过"设置坐标轴格式"对"箱数"做调整，如图6-44所示。

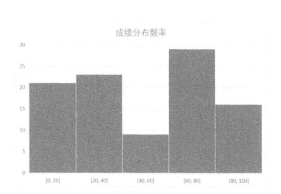

●图6-42　数学成绩记录表　　　　　●图6-43　数学成绩分布直方图

6.3.5　箱形图

箱形图又称箱线图、盒须图或盒式图，是一种用作显示一组数据分布情况的统计图。箱形图可以垂直，也可以水平的形式出现。箱形图可以有单组**连续型数据**进行单一图像展示，也可以有多组**连续型数据**进行并列展示。

使用场景如下。

1）箱形图通常用于描述性统计分析。

2）比较很多组数据或数据集之间的分布。

●图6-44　设置坐标轴格式工具栏

3）快速查看一组数据的关键数值，如平均值、中位数和上下四分位数等。

4）观察数据是否存在任何异常值。

5）查看数据的分布特征，如是否对称、是否有集中趋势等。

6）如果一组数据中包含了多个分类型数据，同时分类型数据对应着连续型数据，那么可以用箱形图展示连续变量会如何随着分类变量的变化而变化，也可以展示不同分类变量下的数据分布结构。

箱形图可以用5个数字对数据分布进行概括，即该组数据的最大值、最小值、中位数、下四分位数和上四分位数。对于数据集中的异常值，通常会以单独的点绘制（异常值一般为较大或较小的个别值，一般为上、下四分位点的1.5QR Inter-Quartile Range内距）。箱形图多用于数值统计，虽然相比于直方图和密度曲线较原始、简单，但它不需要占据过多的画布空间，空间利用率高，非常适用于多组数据分布情况的比较。

【案例 6-18】箱形图案例。

如图 6-45 所示是 2019 年第一季度到 2021 年第四季度不同产品的销量。

已知的销量是连续型数据，可以用箱形图观察哪个产品销量稳定，效果如图 6-46 所示。箱形图初始默认状态箱子之间会挤在一起，可以单击其中某一个箱子在"设置数据系列格式"中调整"间隙宽度"，如图 6-47 所示。

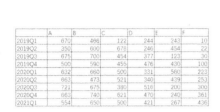

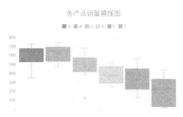

●图 6-45　商品销量表　　　　●图 6-46　箱形图效果图　　　　●图 6-47　设置数据
　　　　　　　　　　　　　　　　　　　　　　　　　　　　　　　　系列格式参数参考

6.3.6　瀑布图

瀑布图由错落有致的柱形图组成，一般有严谨的从左到右或者自上而下的阅读顺序。一般由**分类型数据和连续型数据**绘制而成。

使用场景如下。

1）用于观察正值或负值的累积效应变化的过程。

2）用于观察每个阶段对整体结果的影响。

3）通过合理的数据处理和变形，可以演变成甘特图，在项目管理中有许多应用。

【案例 6-19】瀑布图案例。

如图 6-48 所示是一个人的工资构成基本情况。

根据这个工资结构，可以使用瀑布图，可以看出每个部分对总体工资的影响。默认情况下会生成错落有致的柱子，如图 6-49 所示。还需要用户右击"应发工资"和"实发工资"两个柱子，选择"设置为汇总"选项，结果如图 6-50 所示。

项目	金额（万元）
基本工资	20000
全勤奖励	2700
加班费	5600
应发工资	28300
社保	-590
公积金	-2300
个税	-1320
其他扣除	-570
实发工资	23520

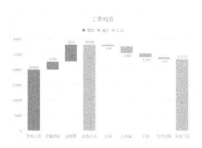

●图 6-48　工资扣减　　　　●图 6-49　选中柱子右击，　　　　●图 6-50　工资构成瀑布图
　　情况表　　　　　　　　　　　"设置为汇总"

6.3.7　漏斗图

漏斗图是由自上而下依次由大到小的柱形图组成，整体形状像一个漏斗。一般由**分类型数据和连续型数据**绘制而成。

使用场景如下。

1）用于由多个环节组成的业务或者项目的数据展示，观察每个环节之间的转化率。

2）多个漏斗图可以进行横向对比。比如相同环节组成的业务在不同渠道或不同时段各环节的转化情况，进而评估不同渠道或不同时段对业务的作用。

3）漏斗图不一定要对称展示，左右两侧可以分别用不同的类型标记，比如用男性和女性的不同转化效率，既达到整体漏斗分析的目的，又达到分类对比的效果。

【案例 6-20】漏斗图案例。

如图 6-51 所示是某 App 上用户主要行为信息的统计。

数据中从 DAU（日活跃人数）到最后完成交易，是一个完整的用户行为。整个行为由多个环节组成，这时就可以用漏斗图看整体转化情况。如图 6-52 所示，这张图是由 Excel 提供的漏斗图直接生成的图表。

用户主要行为	用户数
DAU	1000000
登录	810000
加入购物车	520000
生成订单	310000
支付	120000
完成交易	906000

●图 6-51　用户主要行为统计

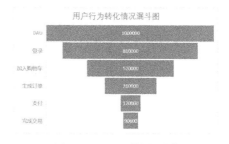

●图 6-52　Excel 漏斗图效果

图 6-52 的整体轮廓已经出来了，但是唯一缺陷是这个漏斗图的标签不能编辑修改，只能使用原始数据。但是往往用到漏斗图，都是更加注重转化率的情况，而不是具体的人数。所以，可以使用堆积条形图来做成漏斗图，用堆积条形图还需要使用至少两个辅助列，分别是"占位数据"和"环节转化率"或者"占位数据"和"总体转化率"，如图 6-53 所示。

辅助列公式如下：

$$占位数据=(本行为用户数-第一用户数)/2$$
$$环节转化率=本行为用户数/上一行为用户数（第一个行为为 1）$$
$$总体转化率=总体用户数/第一行为用户数（第一个行为为 1）$$

制作好这几个辅助列后，用"用户主要行为""用户数"和"占位数据"三列数据制作堆积条形图，如图 6-54 所示。

默认生成的条形图还需要修改一些细节。

1）右击图表，选择"选择数据源"选项，选中"占位数据"单击向上箭头，并单击"确定"按钮，如图 6-55 所示。

用户主要行为	用户数	占位数据	环节转化率	总体转化率
DAU	1000000	0	1	1
登录	810000	-405000	0.81	0.81
加入购物车	520000	-260000	0.641975309	0.52
生成订单	310000	-155000	0.596153846	0.31
支付	120000	-60000	0.387096774	0.12
完成交易	906000	-453000	7.55	0.906

●图 6-53　辅助列制作

●图 6-54　默认生成的条形图

2）选中"占位数据"的系列柱子，在"设置数据系列格式"工具栏中，选择"无填充"，如图 6-56 所示。

●图 6-55　调整系列顺序

●图 6-56　设置系列柱子颜色

3）在"设置数据系列格式"工具栏中，调整"间隙宽度"，如图 6-57 所示。

4）添加数据标签，并且手动编辑标签内容，内容可以参考通过计算得出的"环节转化率"或者"总体转化率"，最终效果如图 6-58 所示。

●图 6-57　设置间隙宽度

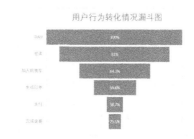

●图 6-58　将标签改成对应环节转化率的值

6.3.8　组合图

组合图是将不同形式的图表放入一张图表中，达到方便展示或突出结论的效果，从而探索各信息之间的对比和相关性。常见的有柱形图和折线图的组合、散点图和折线图的组合等。

组合图使用规则是遵循少量原则，一般展示信息不要多于三个，否则会导致展示混乱，信息表达不聚焦。

【案例6-21】组合图案例1。

遇到不同量级的数据可以使用组合图，如图6-59所示。这张图描述的是用户数和客单价的变化，这两组数不是一个数据量级，可以采用折线图和柱形图结合显示。可以在"更改图表类型"工具栏中，选择组合图，将对应系列数据选择对应图表类型，并将"客单价"勾选为次坐标轴，如图6-60所示。

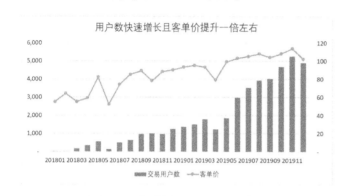

●图6-59   折线图和柱形图的组合图1

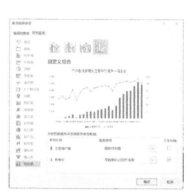

●图6-60   设置次坐标轴

【案例6-22】组合图案例2。

遇到不一样单位的数据可以使用组合图，如图6-61所示。这张图中柱形图代表环比值，折线图代表价格。它们使用不一样的单位，需要两个坐标轴区分，可以用到组合图。

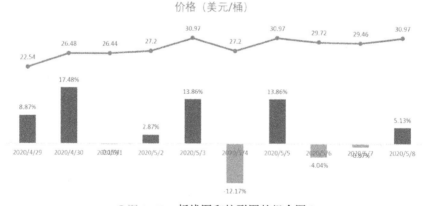

●图6-61   折线图和柱形图的组合图2

6.3.9 迷你图

迷你图是Excel中特有的一种图表形式，它可以把图表嵌入单元格中，在此之上，这个单元格还可以输入内容。有柱形图、折线图、盈亏图三种形式。

【案例6-23】迷你图案例。

如图6-62所示是一组2020年每个月销售额和用户数的变化情况。

	2020年1月	2020年2月	2020年3月	2020年4月	2020年5月	2020年6月	2020年7月	2020年8月	2020年9月	2020年10月	2020年11月	2020年12月
销售额	28609	38907	40973	45689	40908	41098	43098	45678	47679	45678	45764	45678
用户数	805	876	801	821	811	845	850	820	820	811	795	780

◉图6-62　销售额用户数变化表

添加迷你图的步骤如下。

1）单击添加迷你图，在"数据范围"处输入生成迷你图的数据地址，如图6-63所示。

2）在"位置范围"处输入生成迷你图的地址，如图6-63所示。

3）有需要可以在迷你图的格子里，写上描述性文字，效果如图6-64所示。

◉图6-63　创建迷你图对话框

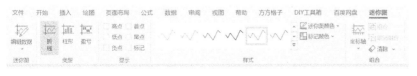

◉图6-64　迷你图效果图

当选中迷你图所在单元格时，工具栏上会多一个"迷你图"选项卡，可以设置迷你图的其他功能，如图6-65所示。

1）更改编辑数据。

2）更改图表类型。

3）标记特殊数据点。

4）编辑颜色。

5）设置坐标轴数据类型和范围，如图6-66所示。

◉图6-66　迷你图坐标轴设置选项

◉图6-65　迷你图选项卡

第7章

Excel 图表制作技巧

对于可视化的制作，除了制作 Excel 提供的基本图表，还需要对图表进行美化，而对于图表的美化，主要是图表元素的运用。对图表元素的添加与删除可以通过"图表工具"菜单"图表设计"选项卡中的"添加图表元素"按钮进行操作。而对图表元素的细节调整则主要通过选中图表元素并右击进行操作。

7.1　图表元素的应用

Excel 图表除了基本图形还提供了一些图表元素供使用者使用，在作图时，可以根据作图的不同需求，添加相应的图表元素。

图表元素多种多样，有些是所有图表都共有的，比如图表标题、图例等；而有些只是个别图表中才会有，比如涨、跌柱线在折线图中才会有。每个图表元素在默认状态下还会有多种可自主编辑的形态，接下来，介绍常用到的图表元素的添加方法和编辑技巧。

7.1.1　如何添加、编辑图表元素

为图表添加图表元素的方法主要有两种，第一种是先选中对应的图表后单击"图表设计"选项卡的"添加图表元素"按钮添加对应元素，如图 7-1 和图 7-2 所示。第二种是单击图表的右上方的加号添加，如图 7-3 所示。

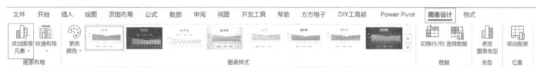

●图 7-1　添加图表元素按钮

●图 7-2　图表元素添加功能键

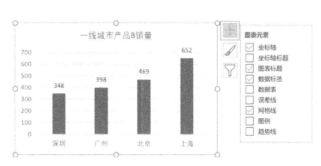

●图 7-3　图表元素添加按钮

编辑图表元素的方式也有两种，第一种是双击对应的图表元素，会弹出对应元素的编辑框，第二种是右击对应的图标元素，如图 7-4 所示。这里用图表标题作为例子选择"设置图表标题格式"选项，会弹出对应元素的工具栏，如图 7-5 所示。

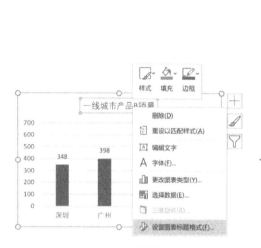

●图 7-4　右击图表元素　　　　　　●图 7-5　设置图表标题格式工具栏

7.1.2　图表标题

　　图表标题有以下两种添加方式，第一种是"图表设计"选项卡→"添加图表元素"按钮→"图表标题"，第二种是单击图表中的⊞按钮勾选"图表标题"，如图 7-6 所示。如果遇到有其他文字段落对图表有另行说明不需要图表标题的情况，可以选中"图表标题"后，按〈Delete〉键，或者单击图表的⊞按钮取消勾选。

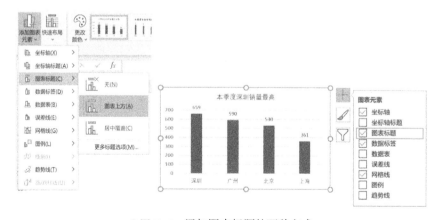

●图 7-6　添加图表标题的两种方式

　　一般选择数据生成对应图表后，图表标题都是默认存在的。这也说明一个图表标题在大部分场景下存在的一个必要性。默认情况下会显示"图表标题"，需要单击文本框进一步编辑。

　　图表标题命名方式有以下两种。

1）按照作图逻辑命名，如图7-7a所示。这个命名中规中矩，可以让读者了解到背后数据使用逻辑，适合给数据分析或者技术人员看。

2）按照图表结论命名，如图7-7b所示。以结论来命名标题则能帮助读者更快地了解到报告的结果，适合在汇报场景使用。

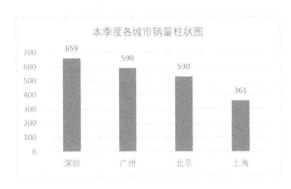 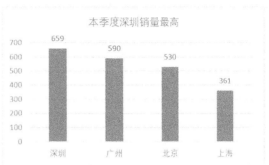

●图7-7 图表标题命名方式

a）按照作图逻辑命名 b）按照图表结论命名

7.1.3 坐标轴标题

坐标轴标题有以下两种添加方式，第一种是"图表设计"选项卡→"添加图表元素"按钮→"坐标轴标题"，第二种是单击图表中的⊞按钮勾选"坐标轴标题"，如图7-8所示。如果需要删除个别坐标轴标题，可以选中对应"坐标轴标题"后，按〈Delete〉键。

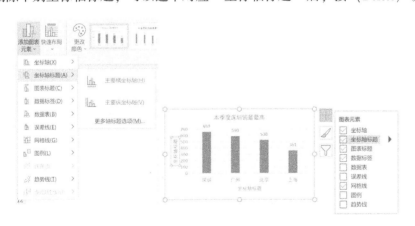

●图7-8 添加坐标轴标题的两种方式

一般情况下，坐标轴标题有两个，既x轴（横轴）和y轴（纵轴）。如果有次坐标轴，添加坐标轴标题时次坐标轴也会相应添加上。刚添加的坐标轴标题默认情况下显示"坐标轴标题"，需要进一步修改。

坐标轴标题命名方式有以下两种。

1）描述对应坐标轴数值单位，清晰传达数值量级，如图7-9所示。在没有添加这个坐标轴标题，也没有其他文字说明的情况下，读者很难明白这个销量是什么体量。

2）坐标轴标题方向默认是旋转 90°摆放的，可以根据需要在"设置坐标轴标题格式"工具栏中的"大小与属性"选项卡→"文字方向"中更改，如图 7-10 所示。

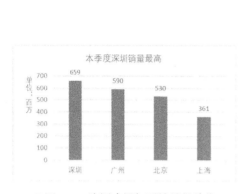

● 图 7-9　为图表添加了销量的单位　　　　● 图 7-10　有 5 种摆放方式可以选择

7.1.4　数据标签

数据标签有以下两种添加方式，第一种是"图表设计"选项卡→"添加图表元素"按钮→"数据标签"，第二种是单击图表中的囲按钮勾选"数据标签"，如图 7-11 所示。如果需要删除一个系列的数据标签，单击某一个标签按〈Delete〉键，如果需要删除个别数据标签，单击某一个标签后会显示一个系列的标签被选中，此时只需再次单击需要删除的标签，再按〈Delete〉键，即可将其删除。

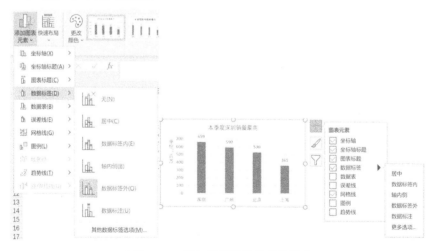

● 图 7-11　添加数据标签的两种形式

【案例 7-1】数据标签案例。

如图 7-12 是一组不同性别、学历的人数统计表，根据该表生成了系列柱形图，如图 7-13 所示。为图表添加数据标签时，默认情况下，是添加对应系列的值。添加时可以在数据标签的下级菜单中选择数据标签的显示位置，图7-12是选择"数据标签外"。

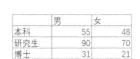

	男	女
本科	55	48
研究生	90	70
博士	31	21

●图7-12 学历人数统计

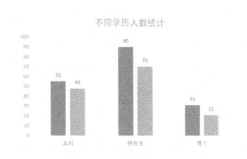

●图7-13 添加数据标签后默认在柱子上方

其实数据标签除了简单显示对应系列的值以外，还有其他多种形式，打开"标签选项"，可以看到还有单元格中的值、系列名称、类别名称等，如图7-14所示。

针对这张图，可以再添加"系列名称"，并且将分隔符改成"空格"的形式，如图7-15所示。这样就能清晰地看出每个柱子代表的性别。

●图7-14 标签选项工具栏

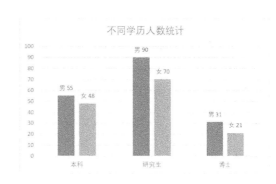

●图7-15 进一步编辑数据标签

除了添加作图时对应的数据作为标签，Excel还给用户提供了使用其他值的方式。选择"标签选项"中的"单元格中的值"选项，在使用这个功能时，用户需要先将需要用的值放入数据集中。举个例子，如果想要图7-15的数值标签显示不同学历的男女占比。那么就需要先计算出每个系列的比例，如图7-16所示。计算好后单击"标签选项"中的"单元格中的值"按钮，会弹出一个"数据标签区域"的对话框，如图7-17所示，在编辑模式下选择对应区域的数值后单击"确定"按钮即可，最后可以呈现出按照比例显示数据标签的柱形图，如图7-18所示。

	男	女	男占比	女占比
本科	55	48	53%	47%
研究生	90	70	56%	44%
博士	31	21	60%	40%

●图7-16 计算不同学历下男女的占比

●图7-17 数据标签区域对话框

还有一些图表会自动带一些特别的标签，比如饼图中会有百分比标签，可以直接勾选使用，不用另行计算，如图 7-19 所示。

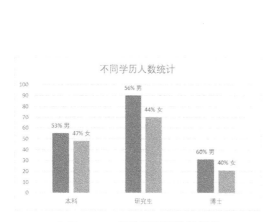

● 图 7-18　按比例显示数据标签　　　　　● 图 7-19　饼图的设置数据标签格式工具栏

7.1.5　数据表

数据表有以下两种添加方式，第一种是"图表设计"选项卡→"添加图表元素"按钮→"数据表"，第二种是单击图表中的⊞按钮勾选"数据表"，如图 7-20 所示。如果需要删除，直接选中数据表区域，按〈Delete〉键即可。

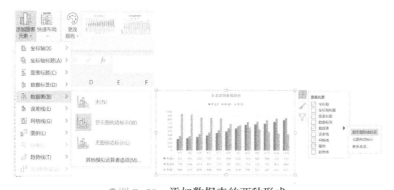

● 图 7-20　添加数据表的两种形式

数据表往往会默认添加到 x 轴下方，会与 x 轴的分类标签一一对应上，如图 7-21 所示。好处是可以快速进行排版，将数据集和图表集中在一起显示，但数据表可编辑的余地不是很大，也会占据大量的图表空间，实际工作中运用到添加数据表的情况会很少。

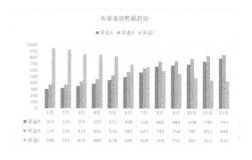

● 图 7-21　为图表添加数据表

7.1.6 图例

当一张图表包含两个及以上系列数据时，一般都会默认显示图例。如果不小心删除了图例，图例有以下两种添加方式，第一种是"图表设计"选项卡→"添加图表元素"按钮→"图例"，第二种是单击图表中的田按钮勾选"图例"，如图 7-22 所示。图例可以删除其中一部分，也可以全部删除。

● 图 7-22 图例的两种添加方式

图例可以很好地显示不同样式的图代表的意义，尤其是处理多系列数据时，图例能帮助读者对应出图表每个部分具体代表什么。图例的位置可以根据展示需要放在图表的左、右、顶部、底部不同的位置。

7.1.7 网格线

网格线有以下两种添加方式，第一种是"图表设计"选项卡→"添加图表元素"按钮→"网格线"，第二种是单击图表中的田按钮勾选"网格线"，如图 7-23 所示。如果需要删除，直接选中网格线，按〈Delete〉键即可，不同方向的网格线可以部分删除。

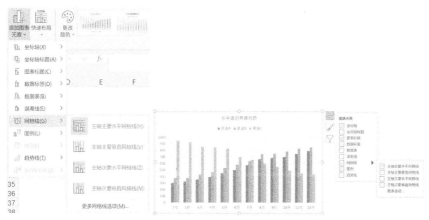

● 图 7-23 网格线的两种添加方式

网格线是一种视觉辅助线，对应着 x 轴和 y 轴的刻度线。包括两种形式，垂直网格线和水平网格线，除此之外分别有主要和次要之分。主要网格线会对应轴上已显示的刻度或者分类，次要网格线会进一步细化。

【案例 7-2】网格线应用场景 1。

柱形图和折线图大部分时候只会显示主轴主要水平网格线，如图 7-24；条形图一般只显示主轴主要垂直网格线，如图 7-25；散点图和气泡图会把垂直和水平的主要网格线都打开或者把主次网格线同时打开，如图 7-26。其他图表很少会用到网格线功能。

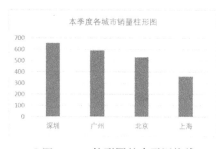

●图 7-24　柱形图的水平网格线

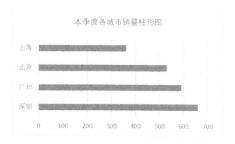

●图 7-25　条形图的垂直网格线

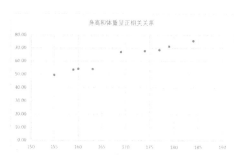

●图 7-26　散点图的双网格线

【案例 7-3】网格线应用场景 2。

如图 7-27 所示，当 x 轴上分类数据比较多时可以开启纵向网格线，视觉上可以起到分组的作用。主轴主要水平网格线可以帮助读者看见每根柱子大致对应值的大小，主轴次要水平网格线可以看出相差不多的柱子之间大致差距，比如 7 月和 8 月的三根柱子都相差不多，这时次要水平网格线就可以帮助读者阅读差距。

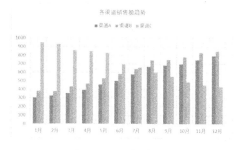

●图 7-27　网格线的运用

关于网格线的使用：网格线并不是越多越好，有时添加网格线反而显得非常凌乱，甚至大部分时候不如数据标签清晰明了。

7.1.8　趋势线

趋势线有以下两种添加方式，第一种是"图表设计"选项卡→"添加图表元素"按钮→"趋势线"，第二种是单击图表中的⊞按钮勾选"趋势线"，如图 7-28 所示。如果需要删除直接选中趋势线，按〈Delete〉键即可。

● 图 7-28　趋势线的两种添加方式

　　趋势线在折线图、散点图中会经常用到，可以进行拟合回归。根据不同的分布，Excel 提供了多种回归方案，如图 7-29 所示，包括指数、线性、对数、多项式、乘幂、移动平均。在此之上，Excel 还能进行趋势的预测，包括对未来的预测，以及对历史的模拟，也就是在图 7-29 中看到的"前推"和"后推"。当勾选"显示公式"和"显示 R 平方值"时，图表中还会显示出对应的回归公式和 R 平方值。

【案例 7-4】趋势线案例。

　　如图 7-30 所示是 1995—2016 年的啤酒产量。根据这个产量绘制出一个散点图，如图 7-31 所示。从图中散点的分布来看，基本上是一个平稳上升趋势，这时如果添加趋势线，可以选择"线性"。对应可以勾选"显示公式"和"显示 R 平方值"。

● 图 7-29　设置趋势线格式工具栏

年份	啤酒产量
1995	692
1996	838
1997	1021
1998	1192
1999	1415
2000	1568
2001	1681
2002	1888
2003	1987
2004	2098
2005	2231
2006	2288
2007	2402
2008	2540
2009	2948
2010	3126
2011	3543
2012	3954
2013	4156
2014	4162
2015	4490
2016	4830

● 图 7-30　啤酒产量表

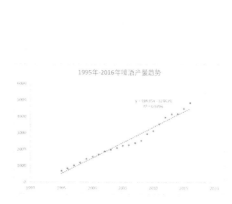

● 图 7-31　啤酒产量趋势图

关于趋势线的使用：趋势线的使用和选择需要依靠用户本身的统计学知识，是一个相对专业性比较强的图表元素。如果对统计学知识了解不多，应尽量避免使用趋势线，以免出现专业性的错误。

7.1.9　线条

线条只能通过功能区添加，即"图表设计"选项卡→"添加图表元素"按钮→"线条"，如图7-32所示。如果需要删除，直接选中线条，按〈Delete〉键即可。

线条常用场景如下。

1）在单折线图中，数据点相对比较密集时可以开启线条的"垂直线"，此时会将每个点垂直对应到 x 轴上，如图7-33所示。

2）在多折线图中，可以开启"高低点连线"线条图表元素，连线可以将两个折线上相同时间的点连在一起，如图7-34所示。

3）在面积图中，也有线条中的"垂直线"功能，但在实际运用中，使用的并不多。

●图7-32　线条的添加方式

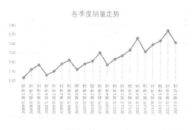

●图7-33　单折线图开启"垂直线"
　　　　　线条效果

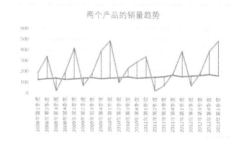

●图7-34　双折线图开启"高低点连线"
　　　　　线条效果

7.1.10　涨跌柱线

趋势线有以下两种添加方式，第一种是"图表设计"选项卡→"添加图表元素"按钮→"涨/跌柱线"，第二种是单击图表中的⊞按钮勾选"涨/跌柱线"，如图7-35所示。如果需要删除，直接选中涨/跌柱线，按〈Delete〉键即可。

在有两个以上系列的折线图中会有涨/跌柱线的选项，涨/跌柱线是两个系列之间相同的点用柱形图或者线条进行连接。涨/跌柱线分为"涨柱"和"跌柱"。

涨跌柱线常用场景如下。

● 图 7-35　涨跌柱线的两种添加方式

如图 7-36 所示，两个系列分别是产品今年的销量和去年的销量，这时可以运用涨/跌柱线清晰看出每个时间点同比销量是增多还是减少。"涨柱"和"跌柱"可以设置不同的颜色进行区分。

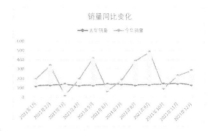

● 图 7-36　涨跌柱线效果图

7.1.11　误差线

误差线有以下两种添加方式，第一种是"图表设计"选项卡→"添加图表元素"按钮→"误差线"，第二种是单击图表中的⊞按钮勾选"误差线"，如图 7-37 所示。如果需要删除，直接选中误差线，按〈Delete〉键即可。

误差线默认添加形式是显示正负偏差，误差量默认为该系列的标准误差。在这基础上，Excel 给用户提供了更多的操作空间，可以在"设置误差线格式"工具栏中进行具体的设置，如图 7-38 所示。当作图中数据点是一个估量值有一定的误差范围时，可以使用误差线。误差线可以给定数据点一个特定的范围，这个数据点的真实值有可能在这个范围内浮动。

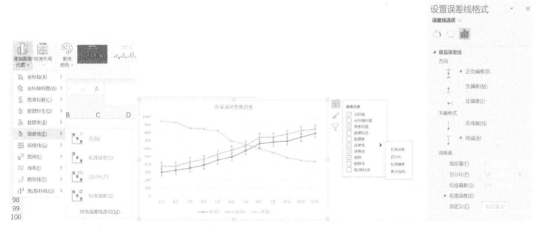

● 图 7-37　误差线的两种添加方式

● 图 7-38　设置误差线格式工具栏

误差线常用范围如下。

1）给定固定值，误差线会按照这个固定值往正负两个方向确定误差范围。

2）给定百分比，误差线会按照这个点的固定百分比向正负两个方向确定误差范围。

3）按照标准偏差确定误差范围。

4）按照标准误差确定误差范围，默认情况就是这个方式。

5）按照自定义方式，此方式需要给定每个数据点的误差范围，正确引用，如【案例7-5】。

【案例7-5】误差线案例。

按照自定义方式设置误差线范围。

如图7-39所示，这是一组数据，作者将用"月份"和"预估点"两列数据制作一个折线图，结果如图7-40所示。在这基础上会给这个折线图增加误差线，用图7-39中的"正误差"列确定这个折线的正向误差范围，用"负误差"列确定这个折线的负向误差范围。

月份	预估点	正误差	负误差
1月	303	50	40
2月	326	50	40
3月	355	50	40
4月	392	50	40
5月	455	50	40
6月	498	50	40
7月	576	50	40
8月	666	50	40
9月	684	50	40
10月	698	50	40
11月	746	50	40
12月	793	50	40

●图7-39 误差线案例数据表

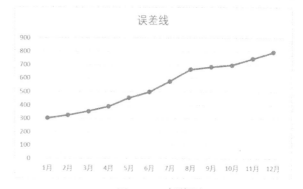

●图7-40 折线图

接下来需要给这个折线图添加误差线，添加好后，需要打开"设置误差线格式"工具栏，如图7-41所示。单击"指定值"按钮会出现一个"自定义错误栏"对话框。需要在其中填写好"正误差值"和"负误差值"的地址后单击"确定"按钮，如图7-42所示。最后就成功给折线图的每个数据点添加了误差线，如图7-43所示。

●图7-41 设置误差
线格式工具栏

●图7-42 自定义错误栏对话框

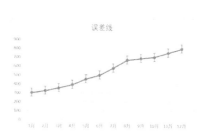

●图7-43 成功添加误差线

7.2 突破传统默认图表形式

如果一直使用简单的默认图表形式或者 Excel 中的固定模板，或者只是稍加改变颜色、大小等基本属性，那么出来的报表只能是中规中矩，没有特色。本节将带领读者一起突破传统默认图表形式，创作更有特色的图表形式。

7.2.1 突破 Excel 默认图表布局

经过之前的学习，相信各位读者已经可以熟练自如地使用 Excel 中的图表模板了。在 Excel 作图中，无论选择什么图表类型，基本布局形式都差不多，大致如图 7-44 所示。

这样的布局当然没什么大问题，但是还是存在诸多小问题。

1）标题不突出，文字信息过少。

2）绘图区所占面积比例过大。

3）图例描述信息过少，有时放置位置导致需要跳跃阅读。

这里介绍一个较为经典，但是更加合理的图表布局，如图 7-45 所示。这是一个非常经典的商业报告图表布局，信息全面，大致有如下 5 个部分。

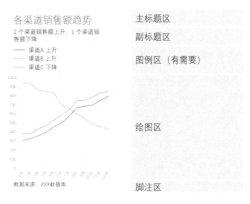

● 图 7-44　Excel 图表默认布局　　　　　● 图 7-45　经典商业图表布局

- 主标题区。
- 副标题区。
- 图例区。
- 绘图区。
- 脚注区。

介绍一下制作这样的图表应注意的事项。

1）完整的图表元素非常必要，除了图例以外，其他四个图表元素是必不可少的。

2）突出主标题，字号应该是整图中最大的字号，必要时可以加粗。

3）副标题字号应该比主标题小一些，内容可以是更加详细的说明或者图表的结果。

4）图例字号可以和副标题字号一样，图例信息除了数据类别还可以添加一些说明，Excel 默认图例不能单独拖动，有必要时可以手绘图例。

5）大多情况下，绘图区应当占到整体图表的 60% 以上，当然也会有一些特例。

6）标明数据来源非常重要，字号为全图表最小字号，颜色也可以浅一些。

7.2.2 突破图表元素的默认摆放

每个图表元素都有自己的默认位置，或者大部分用户都会让每个图表元素拥有自己独立的位置。其实有时可以突破这个传统枷锁，如图 7-46 所示。

图 7-46 来自网站"经济学人"，可以看到这个图表将图例放在了绘图区上，因为这个折线图最初始位置比较低，整体呈现一个指数增长形式。正好利用了这个趋势的特点，整体排版更加合理。

排版技巧总结。

1）手绘图例，并且图例也采用主标题和副标题结合的方式呈现。

2）坐标轴进行了合理省略，降低了视觉拥挤的感觉。

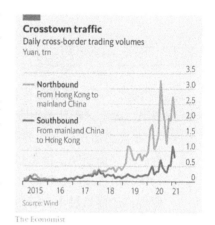

●图 7-46　将图例和放在绘图区之上

7.2.3 突破图表常规样式

常规情况下，很少人会去刻意改变图表本身的样子，但有时如果合理进行改动，可能会有意想不到的效果。如图 7-47 所示是一个常规的饼图。

图 7-47 显示的饼图除了之前章节中所说的排版布局的问题，还有更加让人难解的问题。因为饼图一直饱受争议，除了占面积以外，日常中大家展示的 PPT、报表或者其他图表都是方正的，所以圆形饼图就显得突兀，放哪都觉得好像空了一块。

针对这种情况，可以从数据处理方面入手，如图 7-48a 是原始饼图的数据，可以添加一行"总和"，将所有数据的数值相加，结果如图 7-48b 所示。再用新处理好的数据创建饼图，结果如图 7-49 所示。可以将代表总和的扇形填充成无色，这样就形成了一个半圆式的饼图。

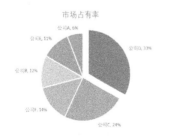

公司名称	市场占有率
公司D	30%
公司C	23%
公司F	13%
公司B	12%
公司E	10%
公司A	6%
公司G	3%
公司H	2%
公司I	1%

公司名称	市场占有率
公司D	30%
公司C	23%
公司F	13%
公司B	12%
公司E	10%
公司A	6%
公司G	3%
公司H	2%
公司I	1%
总和	100%

●图 7-47　默认状态下的常规饼图

●图 7-48　数据处理

a）数据处理前　b）数据处理后

得到半圆式饼图，可以进一步处理其他图表元素细节。最终成品如图7-50所示。

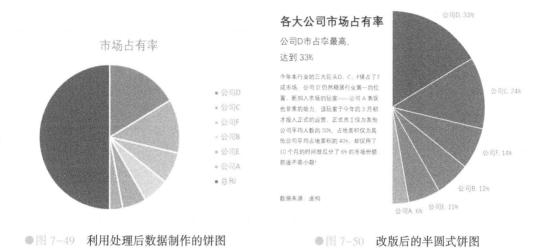

● 图7-49　利用处理后数据制作的饼图　　　　● 图7-50　改版后的半圆式饼图

7.2.4　形成自己的图表风格

图表在生活中随处可见，往往能让人眼前一亮的图表都有自己鲜明的风格。甚至在没有标明来源的情况下，仍有很高的辨识度。所以有自己独特的风格尤为重要。那如何形成自己的风格呢？其实很简单，这里为读者总结了一下方法。

1）大量模仿专业人士的图表，把模仿的结果文件分类命名保存。

2）一图多做，同一个图表发挥想象力，做出不同的排版样式。

3）学习配色原理，可以借助线上配色工具。

如果经常重复练习，在不断地模仿、思考的过程中，相信不久也能形成自己的风格。那在养成风格的过程中还是要注意如下几个问题。

1）图不能过度美化，原则上还是要简洁、明了，突出主题，不能过于杂乱。

2）图表要合理，美化的同时要合理描述数据。

3）图表要符合公司风格或者出版物风格，不能太过突兀。

第8章

数据透视表

在之前的章节中，已经介绍了数据处理、汇总以及函数的应用，并且已经采用各类处理方法统计出了数据结果。但日常工作中数据的不断变化经常使得之前的工作功亏一篑，需要重新进行制作。面对这样的场景，应该如何解决才能降低工作量呢？Excel 中的数据透视表能够高效地进行数据的展示、汇总以及动态刷新。

本章主要采用服装销售数据进行数据的汇总与计算。部分数据如图 8-1 所示。

订单ID	订单日期	类别	产品名称	地区	省/自治区	客户名称	销售经理	利润	数量	销售额
4870971	2017/1/1	秋装	秋衣	中南	湖南	邢宁	王倩倩	610.68	3	1,607.34
4870971	2017/1/1	冬装	围巾	中南	湖南	邢宁	王倩倩	1,321.60	5	3,304.70
4479160	2017/1/1	冬装	羽绒服	中南	广东	康青	王倩倩	2.8	2	286.72
3231478	2017/1/1	夏装	长裙	华北	天津	潭珊	张怡莲	118.44	2	456.12
3231478	2017/1/1	夏装	长裙	华北	天津	潭珊	张怡莲	194.6	5	591.5
4479160	2017/1/1	冬装	手套	中南	广东	康青	王倩倩	128.016	4	366.016
5835259	2017/1/1	冬装	毛衣	东北	吉林	陈娟	赫杰	497.56	2	2,619.40

●图 8-1　部分服装数据展示

8.1　数据透视表基础

在快速应用数据透视表之前，首先要了解数据透视表的定义、应用场景、数据源要求以及包含了哪些数据汇总功能，本节将会详细讲解数据透视表的界面操作以及使用方法。

8.1.1　数据透视表的定义

数据透视表是 Excel 提供的一种交互式、强大的数据分析和汇总工具，可以把一个明细表进行分类汇总，而且可以随意改变汇总模式。简单来说，就是如果表格内的数据太多，单靠肉眼是很难准确分辨数据的，而使用数据透视表就可以很方便地筛选各种数据。所以数据透视表的功能就是分类汇总；可以通过透过表面大量的数据发现其背后深层次的关系。

数据透视表结合了排序、筛选和汇总等常用的数据处理与分析方法，它不仅可以快速地调整数据的汇总功能，还可以将汇总好的数据以不同的方式进行显示。其中的高级功能：日程表和切片器可以完美地将数据动态地展示出来。同时，通过数据透视表数据展示出来的透视图，也能展示出其筛选与排序的功能。

8.1.2　数据透视表的使用场景

表 8-1 中的数据是不同部门的交通、住宿以及工作餐费用。需要对不同的部门的不同费用进行汇总，如何快速得到结果呢？

表 8-1 部门费用表

日 期	部 门	交 通	住 宿	工 作 餐
2016/5/7	财务部	1004	509	119
2016/5/25	人力资源部	102	1109	42
2016/8/18	市场部	1955	752	92
2016/4/7	行政部	1574	1172	105
2016/5/13	财务部	1738	722	149
2016/5/26	行政部	265	782	99
2016/8/21	人力资源部	1295	548	148
2016/5/15	行政部	810	815	143
2016/5/18	人力资源部	1717	1035	95
2016/5/30	市场部	1452	602	37
2016/8/25	人力资源部	1315	944	10
2016/6/8	市场部	954	684	99
2016/6/11	财务部	1119	871	46
2016/8/15	市场部	1212	1035	62
2016/5/11	行政部	1088	951	136
2016/8/22	人力资源部	1712	1130	50

之前已经学过函数以及函数的作用，面对这样的问题，很明显需要多条件求和，可以采用 SUMIFS 函数去完成，SUMIFS 是多条件求和的函数。

语法：SUMIFS(求和区域,条件区域1,条件1,条件区域2,条件2,…)

也就是说，如果要计算财务组的交通费用，可以采用 SUMIFS 函数进行计算。函数计算结果如图 8-2 所示。

数据透视表的功能为分类汇总，那可以通过此功能进行汇总，数据透视表结果如图 8-3 所示。

部门	交通	住宿	工作餐
财务部	3861	2102	314
行政部	3737	3720	483
人力资源部	6141	4766	345
市场部	5573	3073	290

●图 8-2 函数计算结果

行标签	求和项:交通	求和项:住宿	求和项:工作餐
财务部	3861	2102	314
行政部	3737	3720	483
人力资源部	6141	4766	345
市场部	5573	3073	290
总计	19312	13661	1432

●图 8-3 透视表法

这样，数据透视表只需要拖拉的方式，就可以将结果展示出来。对比函数法，首先要了解各个函数的特点和作用才能使用，但是用数据透视表，只需要拖拉，就可以把结果展示出来。

数据透视表的主要作用在于提高 Excel 报告的生成效率，它几乎涵盖了 Excel 中的大部分用途，比如图表、排序、筛选、计算、函数等，它里面的切片器、日程表等交互工具将会在一系列静态分析中，给用户提供动态的展示。数据透视表的使用场景如下。

1）当数据源规整且数据量比较大时，数据透视表处理速度快。

2）快速分析和处理更新的数据。

3）通过汇总功能，快速制作与分析各类报表。

8.1.3　数据透视表的数据源要求

数据透视表特别强大，但是并不是所有表格都能做出数据透视表。它对数据源有一定的要求，要求数据具有规范的格式。在制作数据透视表时，需要注意源表要具备以下特点。

1）首行不能有空的单元格（即不能有空字段）。

2）数据源中不能有合并的单元格。

3）如果存在相同的字段名，会自动添加序号，以示区别。

4）如果有空行，会当成空值处理。

5）数据源为一维数据。

其中，在这些要求中，首行不能有空的单元格最为重要，首行包含空单元格时，将会产生如图 8-4 所示的错误警告。

● 图 8-4　错误警告

那么，数据透视表的位置在哪里呢？

步骤：单击"插入"选项卡，在"表格"工具组出现了"数据透视表"和"推荐的数据透视表"按钮，如图 8-5 所示。

● 图 8-5　透视表位置

8.1.4　数据透视表的创建

本章所用数据是服装销售数据，其线上销售数据的数据量往往特别大，如果只通过函数进行数据的统计，不仅工作量会特别大，而且得到的信息往往是不全面的，可以通过创建数据透视表，在其中多方面进行数据的统计与汇总，以便快速找出数据中的信息。

数据透视表如何创建呢？

1）选择要汇总的数据内容，单击"插入"选项卡→"数据透视表"按钮。出现"创建数据透视表"对话框，结果如图 8-6 所示。

2）在此页面，主要分成两个部分："请选择分析的数据"与"选择放置数据透视表的位置"。

在"请选择分析的数据"处为数据源选择区域，可以选择表中的数据区域，也可以选择外部数据，这里选择的是本表中的数据。

"选择放置数据透视表的位置"处主要为数据透视表的存放位置。"新工作表"为在新表中存放数据透视表；在"现有工作表"处可设置数据透视表存放的位置。

●图 8-6　创建数据透视表对话框

此处选择为"新工作表"，单击"确定"按钮。

此时进入了新建数据透视表的页面，结果如图 8-7 所示。

●图 8-7　透视表界面

此时，在新创建的表中，数据被分成了两个部分，左边部分为数据透视表数据展示区域，右边这部分为"数据透视表字段"区域。

如果"数据透视表字段"工具栏没有出现，可以单击数据透视表，并单击工具栏的"字段列表"按钮，如图 8-8 所示，就可以激活"数据透视表字段"工具栏。

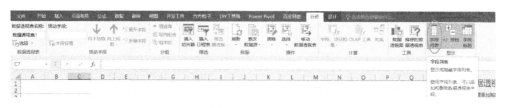

●图 8-8　字段列表

8.1.5 数据透视表的结构

数据透视表的右边是"数据透视表字段"工具栏,如图 8-9 所示,主要分为两个部分,上边部分为"字段节",下边部分为"区域节"。

"字段节"主要为数据表的每一列的名称。可以将"字段节"数据拖至"区域节",用来控制透视表区域的数据内容。"区域节"主要分成 4 个部分:"筛选器""列""行"以及"值"。

1. 筛选器

筛选器可按指定条件过滤筛选数据进行汇总统计。

2. 行标签

行标签中,该区域的字段会按照从上到下排列显示。

3. 列标签

列标签:该区域的字段会按照从左到右排列显示。

4. 值

值主要统计数据列,可选各种汇总统计方式,如计数、求和、平均等。

需求 1:汇总各类别下的销售额数据。

步骤:将"类别"拖至"行"处,将"销售额"拖至"值"处。在数据透视表显示区域,出现数据,得到了各个类别商品的销售额统计。通过图 8-10 可以发现"行"中的"类别",从上往下进行排列。从各类别的销售额中发现,夏装的销售额最高,表明夏装为此店铺的销售主力。

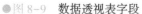

● 图 8-9　数据透视表字段

● 图 8-10　各类别下的销售额数据

需求 2:汇总各地区的销售额数据。

步骤:将"地区"拖至"列"处,将"销售额"拖至"值"处。在数据透视表显示区

域，出现数据，得到了各个地区商品的销售额统计。通过图 8-11 可以发现"列"中的
"地区"，从左往右进行排列。从各地区的销售额中发现，华东地区的销售额最高，表明华
东地区为此店铺的主要销售地区。

●图 8-11　各地区的销售额总和数据

通过上述两个需求，可以发现"行"标签的数据从上到下进行排列。而"列"中数据
从左往右进行排列。在上述需求下，数据表现出来的均为一维数据。通过上述需求可以发
现，当数据只包含一个条件时，字段放置"行"，比放置"列"，更加直观，更加符合人们
的审美。在"区域节"还包含了一个部分，就是"筛选器"，"筛选器"顾名思义为筛选数
据。此部分将会在后续章节进行介绍。

8.1.6　值的汇总方式

将字段拖至数据透视表的数据区域，可以对"值"区域的数据进行求和汇总，这个功
能已经在上述需求中得到了证实。那么，除了求和，还有哪些功能呢？还有计数、最大值
以及最小值。具体操作如下。

步骤：单击值区域的"销售额"，从下拉菜单中选择"值字段设置"选项。进入"值
字段设置"对话框。此页面分成两个区域。

区域一：自定义名称，表示要显示的字段名称是什么。

区域二：值汇总/显示方式。可以发现，值的汇总方式有很多，最大值、最小值、方
差、标准差等，如图 8-12 所示。

需求 3：对各产品的销量求和、最大值、最小值以及方差。

1）创建一个数据透视表。

2）将"产品名称"拖至"行"处，"数量"拖至"值"处，如图 8-13 所示。接下
来，对"值"处的数据进行相应的调整。

3）将"数量 2"改为"最大值"，将"数量 3"改为"最小值"，将"数量 4"改为
"方差"，如图 8-14 所示。

通过上述数据透视表的创建以及值的汇总方式的设置，就可以得到如图 8-15 所示的结果。

●图 8-12　值汇总方式　　　　　　　　　　●图 8-13　设置区域节

●图 8-14　设置汇总方式

行标签	求和项:数量	最大值项:数量2	最小值项:数量3	方差项:数量4
保暖内衣	2252	13	1	4.430310372
冲锋衣	2105	14	1	5.255018883
短裤	2389	14	1	6.052650546
短裙	619	14	1	5.474034111
短袖	3166	14	1	4.591065124
裤子	2165	14	1	4.971529468
毛衣	2115	13	1	5.368705036
帽子	3320	14	1	5.364807634
棉袜	2244	13	1	4.892628729
棉衣	2266	14	1	4.780370377
秋裤	2129	14	1	5.330898136
秋衣	2083	14	1	4.731083055
手套	2010	14	1	5.146522972
外套	1237	13	1	5.310136628
围巾	2915	14	1	4.655283888
羽绒服	2029	14	1	4.424932542
长裙	2280	14	1	5.037359956
总计	37324	14	1	5.010396791

●图 8-15　汇总结果展示

8.1.7　值的显示方式

Excel 可以对字段的数据，进行不同内容的计算，前面介绍了求和、计数项、最大值以

及最小值，此时数据就展示在数据透视表区域。但是经常也会在汇总的基础上进行下一步
计算。比如，在需求2中，已经汇总了各地区的销售额，但是，如果想在汇总的基础上进行下一步的计算，想要计算每个地区所占的百分比该如何操作呢？此时就用到了"值显示方式"标签。

步骤：单击值区域的"销售额"，在下拉菜单中选择"值字段设置"选项。出现"值字段设置"对话框，选择"值得显示方式"选项卡，里面包含了各种各样的计算方法，值显示方式界面如图8-16所示。

●图8-16　值的显示方式

表8-2中对各个显示方式进行了简单说明，在值汇总完成之后，可以选择相应的显示方式来进行数值的展示。

表8-2　值的显示方式

显 示 方 式	功 能 描 述
总计的百分比	各部分占总体的百分比
列汇总的百分比	该数据占同列数据总和的百分比
行汇总的百分比	该数据占同行数据总和的百分比
百分比	将选择的某项数值作为基准值，其他项目相对于基准值的百分比
差异	将选择的某项数值作为基准值，其他项目相对于基准值的差异
差异百分比	某一项数值减去另一项数值所得的差占某一项数值的百分比
按某一字段进行汇总	对某一字段进行累计求和、显示累计后的数据
升序排序	按照数值大小进行升序排列
降序排序	按照数值大小进行降序排列

1. "总计的百分比"数据显示方式

在进行数据分析以及数据汇报时，可以通过数量的大小展示数据，但是这样的数据表达，往往给人产生了一种压力，且很难发现其中的价值。此时就需要通过表面数据去进行深层次的计算，通过占比的情况为读者传达出自己的观点与看法。

需求4：汇总各地区的利润，并将其以占比的形式进行展示。

1）创建新的数据透视表。

2）将"地区"拖至"行"中，将"利润"拖至"值"中，如图8-17所示。

3）单击"值"区域的"求和项：利润"后的下拉按钮，选择"值字段设置"选项。出现"值字段设置"对话框。将"值得汇总方式"选择为"求和"，将"值的显示方式"选择为"总计的百分比"，如图8-18所示，单击"确定"按钮。

通过上述操作，就可以计算出各地区的利润分布，得到结果如图8-19所示。

●图 8-17　区域节设置

●图 8-18　值的显示方式设置

2. "按某一字段进行汇总"数据显示方式

在工作中，经常需要对数据进行累计求和，通过累计求和可以观察数据在发展中的情况。对于数据的累计求和，可以"按某一字段进行汇总"。

需求 5：按季度对 2017 年与 2018 年的销售额累计求和。

1）制作各个季度销售额的数据透视表。将"订单日期"拖至"行"处，将"销售额"拖至"值"处。并将数据展开至季度。

2）修改值字段设置。单击"值"部分的"求和项：销售额"，之后选择"值字段设置"选项，出现"值字段设置"对话框。

3）修改值显示方式。单击"值显示方式"选项卡，选择"按某一字段进行汇总"即可得到相应的结果，结果如图 8-20 所示。

行标签	求和项:利润
东北	11.56%
华北	20.05%
华东	28.12%
西北	4.62%
西南	4.53%
中南	31.12%
总计	100.00%

●图 8-19　各地区利润占比

行标签	求和项:销售额
⊟2017年	
第一季	1212307.558
第二季	3388614.096
第三季	5435011.813
第四季	8103074.021
⊟2018年	
第一季	1252591.662
第二季	3258795.582
第三季	5516969.332
第四季	7935591.776
总计	

●图 8-20　累计求和

3. "差异百分比"数据显示方式

在进行分析时，如何快速发现数据内部的变化？此时可以通过计算数据之间的增长率来进行分析。在 Excel 中增长率可以用过"差异百分比"进行操作。

需求 6：计算其他月份相对于 2017 年 1 月份销售额数据的增长率。

1）制作 2017 年与 2018 年各个月份销售额的数据透视表。将"订单日期"拖至"行"处，将"销售额"拖至"值"处。此时订单日期便自动生成了年、季度以及月份数据。

2）选择行标签下的数据，在"分析"选项卡下选择"展开字段"选项，将数据字段展开至月份数据。

3）将行标签中的字段"季度"移除。

4）修改值字段设置。单击"值"部分的"求和项：销售额"，之后选择"值字段设置"选项，出现"值字段设置"对话框。修改值显示方式。单击"值显示方式"，选择"差异百分比"，在"基本字段"中选择"订单日期"，在"基本项"中选择"1月"，如图 8-21 所示，单击"确定"按钮。

数据分析过程中，需要进行各类数据的汇总与统计，但是数据透视表可以通过值的汇总方式与显示方式，充分帮助人们完成各类信息的汇总，因此，掌握数据透视表，可以帮助人们在面临大批量数据时，直接迅速完成数据分析。

●图 8-21　值显示方式设置

8.2　数据透视表的常见功能

了解了数据透视表的结构以及值的汇总方式后，已经掌握了如何对数据透视表进行汇总计算。那么数据透视表如何进行删除以及清除呢？数据透视表的布局排布是什么？在数据分析中经常需要对数据进行排序以及筛选，那对数据透视表来说，如何进行筛选与排序呢？数据又是如何进行自动分组以及自定义分组的呢？

8.2.1　删除、清除与拖动

在分析过程中，已经创建了各种各样的数据透视表，当创建好数据透视表后，在分析过程中，经常需要对已经存在但是没有用的数据透视表进行清除或者删除工作，这样可以使分析过程更加整洁，如何对已经创建好的数据透视表进行删除呢？这里有两种解决办法。

方法 1：直接选中数据透视表中所有数据，单击〈Delete〉键。

方法 2：选中数据透视表的任一单元格，在功能区单击"分析"选项卡→"选择"→"整个数据透视表"，单击〈Delete〉键。

通过上述操作，得到的结果是直接将数据透视表删除，删除后，之前创建的数据透视表无论是内容还是结构均不存在。那什么是数据透视表的清除呢？通过清除操作，此时是只清除了数据，但是数据透视表还在。当需要为数据透视表重新建立字段时，可以选择清除数据透视表，如果需要进行直接删除数据透视表，此时直接删除即可。那如何对数据透视表进行清除呢？

步骤：选择数据透视表，选择功能区的"分析"选项卡，单击"全部清除"按钮。

创建数据透视表时，已经对数据透视表创建位置进行了固定，当已经创建好数据透视表后，如何对已经创建好的数据透视表进行移动呢？

步骤：选中整个数据，单击"分析"选项卡→"移动数据透视表"按钮，此时出现"移动数据透视表"对话框，如图 8-22 所示，在此界面中，可以选择"新工作表"，也可以选择"现有工作表"。

●图 8-22　移动数据透视表

8.2.2　数据透视表的布局

工作中制作的报表经常需要变换各种格式，比如数据透视表中包含了数据的汇总以及总计，需要在不同场合采用不同的布局。数据透视表的布局有压缩形式、表格形式以及大纲形式。这三种布局各自有各的特点。

压缩形式为默认格式，在压缩形式下，无论叠加多少字段，都只占一列，因此字段标题占用的空间较少，这为数据留出了更多空间，分项汇总显示在每项的上方。

表格形式和大纲形式为每个字段显示一列，字段会并排显示，即有几个字段就占几列，为字段标题提供空间。但是表格形式下，分项汇总显示在每项的下方。而大纲形式下，分项汇总显示在每项的上方。

需求 1：查看各个地区中各省份 2017 年与 2018 年的销售额情况。

步骤：制作 2017 年与 2018 年各个地区的销售额数据透视表。将"地区"与"省/自治区"拖至"行"处，将"年"拖至"列"处，将"销售额"拖至"值"处。此时就得到了各个地区中各省份 2017 年与 2018 年的销售额情况，如图 8-23 所示。

通过上述步骤得到的表格布局为压缩形式，通过压缩形式可以看出，数据汇总呈现在数据内容的上方。那么如何对数据的布局进行修改呢？

步骤：单击数据透视表，选择功能区的"设计"选项卡，在布局下单击"报表布局"按钮，数据透视表的布局如图 8-24 所示，可以通过选择布局的格式进行设计。

求和项:销售额	列标签		
行标签	2017年	2018年	总计
东北	1364492.57	1336319.327	2700811.897
黑龙江	614756.24	589798.342	1204554.582
吉林	356610.03	308294.413	664904.443
辽宁	393126.3	438226.572	831352.872
华北	1231261.584	1200314.829	2431576.413
北京	243051.06	166096.14	409147.2
河北	338605.54	444141.565	782747.105
内蒙古	113285.564	155043.644	268329.208
山西	232100.54	189585.13	421685.67
天津	304218.88	245448.35	549667.23
华东	2442326.166	2226934.276	4669260.442
安徽	324499.434	292662.636	617162.07
福建	342630.344	204273.188	546903.532
江苏	332427.62	319463.62	651891.24
江西	84777.392	151851.168	236628.56
山东	752078.88	829407.068	1581485.948
上海	359956.24	221485.488	581441.728
浙江	245956.256	207791.108	453747.364
西北	395164.644	416407.516	811572.16
甘肃	91518.784	86473.688	177992.472
宁夏	25415.18	32484.62	57899.8
青海	24167.08	25696.3	49863.38
陕西	221119.868	234989.1	455208.768
新疆	32943.932	37663.808	70607.74
西南	569125.368	732971.68	1302097.048
贵州	63790.244	44351.356	108141.6
四川	183732.164	217070.672	400802.836
西藏	5101.18	4914	10015.18
云南	189038.612	233289.588	422328.2
重庆	127463.168	233346.064	360809.232
中南	2100703.689	2022644.148	4123347.837
广东	695353.372	746642.281	1441995.653
广西	187934.985	186511.864	374446.849
海南	46000.682	61320.889	107321.571
河南	447582.674	405889.225	853471.899
湖北	346768.324	278569.76	625338.084
湖南	377063.652	343710.129	720773.781
总计	8103074.021	7935591.776	16038665.8

●图 8-23　各个地区中各省份 2017 年与 2018 年的销售额情况　　●图 8-24　设置布局

8.2.3 数据源更新操作

在日常使用中，经常会遇到数据源更新问题，当数据源数值大小或区域发生改变时，如果源数据为普通表，此时需要刷新或者更新透视表，才能得到想要的结果。数据源发生变化时，可以分成两种情况。

1) 数据源区域不发生变化，数据区域中的数据发生变化。

2) 数据源发生变化，数据区域发生变化。

当创建了数据透视表以后，如果在数据清单上更改了数据，通过刷新，可以实现数据透视表的数据更新。如果在数据清单上减少或增加了数据，可以更改数据透视表现有数据源，实现数据透视表的数据更新。

透视表虽然提供了强大的汇总功能，但是使用起来也有一些小缺陷，比如，当数据源中添加一行时，通过刷新，数据透视表的数据源也不会发生变化。面对这样的情况，就需要处理数据源。处理办法是将数据源转化为表，此时当数据源发生变化时，只需要通过刷新就可以完成数据的修改。

需求2：为数据增加一列"利润率"，需要通过刷新即可完成数据透视表的更新。

1) 单击源数据表，在源数据表中全选数据，在功能区单击"插入"选项卡→"表格"按钮，弹出"创建表"对话框，在页面中，选择表的数据来源，如图8-25所示，单击"确定"按钮。此时数据源有了名字"表3"。

2) 选择数据，插入数据透视表，此时表区域变成"表3"。创建页面如图8-26所示，此时创建好的数据透视表数据源中并不存在"利润率"列。

●图8-25　创建表　　　　　　　　　　●图8-26　创建数据透视表

3) 在数据透视表数据源的起始列中添加一列"利润率"。利润率为利率在销售额中的占比数据，因此用利润除以销售额。

4) 单击数据透视表，右击进行刷新，数据源就发生了变化。

因此对于数据源的处理，除了需要将数据源进行规整，即不存在空单元格以及合并的单元格外，还可以将数据源改为表，通过表的处理，只需要进行刷新就可以完成数据源的更新，这为经常需要更新数据以及改变数据源区域的操作提供了便利。

8.3　数据透视表的高级功能

对数据透视表中的某些字段进行筛选后，数据透视表内显示的只是筛选后的结果，但如果需要看到对哪些数据项进行了筛选，只能到该字段的下拉列表中去查看，很不直观。微软自 Excel2010 版本开始新增了"切片器"和"日程表"功能，这两种功能适用于数据透视表内容的筛选。数据透视表应用切片器与日程表对字段进行筛选操作后，可以非常直观地查看该字段的所有数据项信息。

8.3.1　切片器的使用

数据透视表的切片器实际上就是以一种图形化的筛选方式单独为数据透视表中的每个字段创建的一个选取器，浮动于数据透视表之上，通过对选取器中字段项的筛选，实现了比字段下拉列表筛选按钮更加方便、灵活的筛选功能。

需求 1：各地区中各省份的销售额分布。

1）制作各省份的销售额分布的数据透视表。将"省/自治区"拖至"行"处，将"销售额"拖至"值"处。

2）在"分析"选项卡下单击"插入切片器"按钮，此时出现"插入切片器"对话框，如图 8-27 所示，在"插入切片器"对话框中，包含了数据源的各种字段，可以选择自己需要的筛选字段进行勾选。

3）在"插入切片器"对话框中选择"地区"，此时就插入了"地区"切片器。在地区切片器中，可以选择自己需要的地区进行数据的筛选，如图 8-28 所示。

当需要东北地区的省份以及销售额信息时，只需要单击"东北"地区，数据透视表就显示东北地区的信息，结果如图 8-29 所示。

行标签	求和项 销售额
黑龙江	1204554.582
吉林	664904.443
辽宁	831352.872
总计	2700811.897

● 图 8-27　切片器对话框　　● 图 8-28　切片器界面　　● 图 8-29　东北地区各省份销售额

同时，共享后的切片器还可以应用到其他的数据透视表中，在多个数据透视表数据之间架起了一座桥梁，轻松地实现了多个数据透视表联动。

Excel数据分析从入门到进阶 ——————————————— 第8章

8.3.2 日程表的使用

当需要查看日期信息时，即当需要筛选年、季度以及月份信息时，如果采用切片器，需要创建3个切片器来控制数据的结果，此时，可以选择日程表来解决问题。日程表的时间单位能按照日、月、季度、年这4个，还能左右拉动选择更多的日期天数，或者采用单击方式选择。

日程表字段要求如下。

1）有日期格式的字段。

2）需要数据模型才能生成。

需求2：不同时间下，各销售经理的利润情况。

1）制作各销售经理的利润情况数据透视表。将"地区经理"拖至"行"处，将"利润"拖至"值"处。

2）在"分析"选项卡下单击"插入日程表"按钮，此时出现"插入日程表"对话框，如图8-30所示，对于日程表字段的选择，只能插入日期型字段，因此在设置之前，需要明确数据类型。

3）勾选"订单日期"，单击"确定"按钮，此时就创建好了日程表，创建好的日程表如图8-31所示。

●图 8-30　插入日程表对话框

●图 8-31　日程表界面

170

第 *9* 章

项目实战——电商行业数据分析

Excel 是数据存储、数据记录、数据处理以及数据分析的主要工具，之前的章节中，数据基本处理技巧章节可以用于学习数据的处理；数据处理、汇总、分析，函数以及数据透视表章节可以用于学习数据的分析，而当面临大量数据时，数据透视表的汇总功能将会产生巨大的能量。本章主要通过数据透视表与可视化的结合来进行电商行业数据分析。

9.1　数据理解

在分析之前，首先需要获取数据，对于获取的数据，通常需要了解数据各个字段的含义以及数据的基本概况。本次电商案例之中，基本字段主要有"行 ID""订单 ID""客户对象""订单日期""地区""地区经理""类别""子类别""销售额""数量""退回""客户名称"以及"利润"。对于这 13 个字段，在分析之前，首先需要进行分类，了解这些字段是哪种分类之后，就可以进行维度展示。

在这些字段中，"行 ID""订单 ID"以及"订单日期"主要是订单中的信息；"地区"和"地区经理"主要是超市销售状况；"客户对象"与"客户名称"主要是客户信息；"类别"与"子类别"是产品信息；"销售额""数量""退回"以及"利润"为销售信息。在了解了数据的类型信息后，就可以更加准确的了解分析的维度。部分数据如图 9-1 所示。

	行 ID	订单 ID	客户对象	订单日期	地区	地区经理	类别	子类别	销售额	数量	退回	客户名称	利润
2	1	US-2019-1357144	公司	2019年4月	华东	洪光	办公用品	用品	163.696	10	否	曾惠	-60.704
3	2	CN-2019-1973789	消费者	2019年6月	西南	白德伟	办公用品	信封	159.44	10	否	许安	42.56
4	3	CN-2019-1973789	消费者	2019年6月	西南	白德伟	办公用品	装订机	65.92	10	否	许安	4.2
5	5	CN-2018-2975416	消费者	2018年5月	中南	洪光	办公用品	器具	1409.92	11	否	万兰	550.2
6	12	CN-2019-5801711	消费者	2019年6月	东北	杨健	技术	复印机	2402.8	12	否	康青	639.52
7	16	US-2018-2511714	公司	2018年11月	华东	洪光	办公用品	器具	10370.452	15	否	刘斯云	-3962.73
8	17	US-2018-2511714	公司	2018年11月	华东	洪光	办公用品	标签	119.26	11	否	刘斯云	38.22
9	18	CN-2019-5631342	消费者	2019年10月	华东	洪光	技术	配件	2364.44	15	否	白鹃	1071.14
10	19	CN-2019-5631342	消费者	2019年10月	华东	洪光	办公用品	用品	119.54	9	是	白鹃	23.94
11	20	CN-2019-5631342	消费者	2019年10月	华东	洪光	办公用品	装订机	171.9	13	是	白鹃	2.1
12	21	CN-2019-5631342	消费者	2019年10月	华东	洪光	办公用品	装订机	431.32	14	是	白鹃	126.84
13	22	CN-2019-5631342	消费者	2019年10月	华东	洪光	技术	电话	2167.46	15	是	白鹃	959.42
14	23	CN-2019-5631342	消费者	2019年10月	华东	洪光	技术	复印机	4507.84	11	是	白鹃	1162.98
15	24	CN-2019-5631342	消费者	2019年10月	华东	洪光	办公用品	用品	303.92	10	是	白鹃	118.72
16	25	US-2018-4150614	公司	2018年6月	华东	洪光	家具	书架	1672.336	12	是	贾彩	-464.464
17	26	US-2018-4150614	公司	2018年6月	华东	洪光	家具	椅子	1238.56	11	否	贾彩	60.06

●图 9-1　电商数据表展示

"电商数据表"中，一共 13 个字段，在这些字段下，数据量为 5341 条信息。

9.2　电商行业背景

了解了数据后，在分析之前，首先需要了解数据分析的背景。

其实从 2000 年开始，就已经有人开始在网上购物了，那时有 1999 年王峻涛创办电子商务网站 8848。但是，支付方式与物流都很慢，导致电商发展得很慢。

2003～2007 年，"非典"给电商带来了意外的发展机遇，这时属于卖货阶段，当时有很多卖家都是兼职的，只要有货，放在网上基本上就能卖出去。这个阶段的电商是第一代电商。

2008～2013 年这个阶段中，2008 年 7 月，中国成为全球"互联网人口"第一大国。这个阶段的电商是第二代电商。

2013～2019 年，对电商人员的要求越来越高，需要卖家更加专业。数据、搜索、运营、直通车、设计、客服等环节都需要特别专业。尤其到 2019 年上半年，直播带货成为新兴方式。这个阶段的电商是第三代电商。

现在的时代，强调以消费者为中心，还要会看数据，谁会看数据就能比那些看不懂的卖家领先一步。学会让数据去驱动店铺。在电商中，店铺的定位、产品的选款都需要做市场分析，图片的选择、关键词的拟定都需要数据分析。但是大部分卖家，就只会做三件事：低价促销、花钱买广告、刷单提排名。一些卖家不赚钱，就是因为思维跟不上，不了解买家的需求变化，自己的专业能力也跟不上。如果想挣钱，就必须让自己更专业。

9.2.1　行业现状

电商大数据伴随着消费者和企业的行为实时产生，广泛分布在人们所熟知的电子商务平台上，比如天猫、淘宝、拼多多、社交媒体（比如微信也开始布局电商行业）以及其他第三方流量入口（如抖音、快手）。

整个电商行业的数据庞大，数据类型多种多样，既包含消费者交易信息、消费者基本信息，也包括消费者评论信息、行为信息、社交信息和地理位置信息等。这些丰富的信息，对于人们分析研究具有很重要的意义。

但是，随着信息的丰富，人们也遇到了相应的问题：海量数据，如何在这么多庞大的数据中找到想要的信息是人们面临的一大考验；数据的可读性，如何把这些冰冷的数据快速转化成人们想要的信息，让决策者和运营人员更好地掌握通过数据得到的信息呢？尤其在电商行业，通过一根网线将用户与卖家联系在一起，彼此互不了解，只能通过用户在网站上留下的信息来进行展示，因此数据分析可以处理人们面临的大量问题。

在电商中，数据分析可以扮演很多角色。

1）预测师：可以帮助网店选款、预测库存周期、预测未来风险。

2）规划师：通过数据分析，合理规划店铺装修板块和样式。

3）医师：诊断店铺目前状况，对已生病的店铺找出病原并对症下药。

4）行为分析师：通过购买的物品、单价、花费、活跃时间、客服聊天反馈等分析买家行为。

5）营销师：根据现有资源合理分析判定出最大化销售计划，促进销量大幅增长。

9.2.2　分析维度展示

掌握了行业背景之后，接下来就可以根据数据进行分析，首先需要明确分析目标，对于数据分析，一般可以分析的维度有哪些呢？

战略分析：针对企业的内、外部环境进行分析，比如企业的宏观环境、行业前景、增长能力、市场竞争力。

客群特征：性别、年龄、支付能力、所处行业、地区等，有助于更精确描绘目标客户的一系列画像。

商品分析：主要是对商品的进货、销售、库存情况进行的分析。比如通过分析展示畅销商品。

趋势分析：从中发现变化，并分析这种变化的力量，探索增长原因，将偶然变必然。

对于本次的分析，主要需求如下。

1）了解数据的总体情况，比如销售额、销量、利润以及订单量情况。

2）了解销售经理的销售情况以及目标完成情况。

3）查看各商品的分布情况。

4）对客户进行分析。

对于上述需求，主要涉及的维度如表9-1所示。

表 9-1　维度表

分析维度
2018—2019 年各品类商品销售额情况
2018—2019 年各地区商品销量情况
2018—2019 年各地区经理的利润情况
2018 年与 2019 年各地区订单变化情况
2019 年各地区经理的销售情况
2019 年各地区经理退货数
2019 年各地区经理实际销售额占比
2019 年各地区经理销售额完成情况
2019 年各品类商品销售额贡献
2019 年各品类商品地区销售情况
各品类商品的实际销量趋势
2019 年各地区新老客户利润占比
2019 年客户细分
2019 年各地区客户分布

9.3　通过透视表进行数据分析

明确需求之后，下一步就是数据清洗，对于本次数据，数据比较规整，因此可以直接进入下一步，数据分析。可依据维度表一步一步实现，最终得到结论。

9.3.1　总体分析

在获取到一份数据后，面对数据信息，首先需要了解数据的大致情况，比如总销售额是多少？销量达到多少？利润是多少？一共多少条订单？因此总体分析可以使得观看者对数据有个大致了解。

需求 1：2018—2019 年各品类商品销售额情况。

1）建立数据透视表，具体步骤为：选择源数据表，单击"插入"选项卡→"数据透视表"按钮，建立数据透视表。

2）行标签为"订单日期"，列标签为"类别"，值为"销售额"，得到数据表为各类别产品从 2018—2019 年的销售额情况。

3）将数据展开至季度，如图 9-2 所示。

求和项:销售额	列标签			
行标签	办公用品	技术	家具	总计
⊟2018年				
⊞第一季	170930.876	205880.416	211458.359	588269.651
⊞第二季	372246.036	378547.492	334176.128	1084969.656
⊞第三季	367921.428	402990.928	384268.277	1155180.633
⊞第四季	426978.12	576564.544	501813.256	1505355.92
⊟2019年				
⊞第一季	280212.74	291881.588	355267.71	927362.038
⊞第二季	515857.996	519969.052	527923.046	1563750.094
⊞第三季	404160.212	482766.272	573079.807	1460006.291
⊞第四季	174389.452	189908.608	224984.261	589282.321
总计	2712696.86	3048508.9	3112970.844	8874176.604

● 图 9-2　各品类商品 2018—2019 年的销售额

4）通过上述数据，可以选择数据，插入堆积柱形图，用可视化形式表现数据，图 9-3 为 2018—2019 年各品类商品的销售额情况。

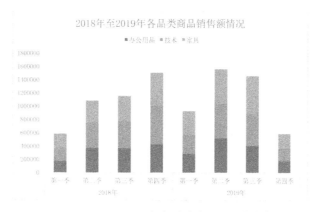

● 图 9-3　2018—2019 年各品类商品的销售额情况

通过图 9-3 可以发现，在 2018 年中，第四季度的销售额最多，而在 2019 年，第二季度和第三季度的销售额比较高，第四季度反而比较少，再次进行分析，第四季度仅有 10 月份的数据，因此通过数据大致可以看出，2019 年的销售额情况比 2018 年良好。

需求 2：2018—2019 年各地区商品销量情况。

1）建立数据透视表，具体步骤为：选择源数据表，单击"插入"选项卡→"数据透视表"按钮，建立数据透视表。

2）行标签为"订单日期"，列标签为"地区"，值为"销量"，得到数据表为2018—2019年各地区商品销量情况。

3）选择数据透视表，单击"分析"选项卡→"插入日程表"按钮，如图9-4所示。

4）通过上述数据结合日程表的使用，可以选择数据，插入簇状柱形图，用可视化形式表现数据，图9-5为2019年各地区商品销量情况。

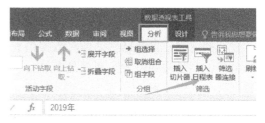

●图9-4　日程表的插入

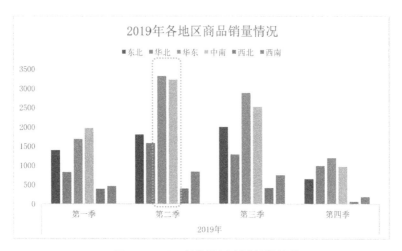

●图9-5　2019年各地区商品销量情况

通过上述分析可以看出，2019年中，华东地区和中南地区的销量情况普遍好于其他地区。而表现比较差的是西北地区与西南地区。

需求3：2018—2019年各地区经理的利润情况。

1）建立数据透视表，具体步骤为：选择源数据表，单击"插入"选项卡→"数据透视表"按钮，建立数据透视表。

2）行标签为"地区经理"，列标签为"年"，值为"利润"，得到数据如图9-6所示为2018—2019年各地区经理的利润情况。

3）复制数据透视表，粘贴出来，计算"增加/减少字段"。可以选择数据，插入柱形图，用可视化形式表现数据，图9-7为2019年各地区商品销量情况。

求和项:利润	年	
地区经理	2018年	2019年
白德伟	50043.574	55511.176
楚杰	130955.846	97480.726
范彩	131290.705	142644.971
洪光	210901.789	174259.813
杨健	21485.002	29599.626
殷莲	77266.084	75507.292

●图9-6　2018—2019年各地区经理的利润情况

通过上述分析可以发现，在2018年和2019年利润对比中，楚杰经理与洪光经理的2019年利润产下降，范彩经理与杨健经理的利润在2019年好于2018年。

需求4：2018年与2019年各地区订单变化情况。

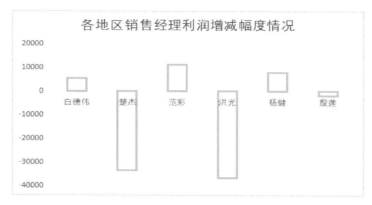

●图 9-7　2019 年各地区商品销量情况

1）建立数据透视表，具体步骤为：选择源数据表，单击"插入"选项卡→"数据透视表"按钮，建立数据透视表。

2）行标签为"地区"，列标签为"年"，值为"订单 ID"与"订单 ID"，得到数据表为 2018 年与 2019 年各地区的订单情况。选择 2019 年，如图 9-8 为各地区订单分布。

年	值	
	2019年	
地区	计数项:订单	计数项:订
东北	488	488
华北	394	394
华东	765	765
西北	106	106
西南	193	193
中南	740	740
总计	2686	2686

3）可以选择数据，插入组合图，用可视化形式表现数据，图 9-9 为 2019 年各地区订单变化情况。

4）建立空白数据透视表，具体步骤为：选择源数据表，单击"插入"选项卡→"数据透视表"按钮，建立数据透视表。

●图 9-8　各地区订单分布

5）行标签为"地区"，列标签为"年"，值为"订单 ID"，得到数据表为 2018 年与 2019 年的订单情况。

6）可以选择数据，插入折线图，用可视化形式表现数据，图 9-10 为 2019 年与 2018 年各地区订单变化情况。

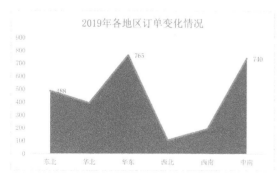

●图 9-9　2019 年各地区订单变化情况

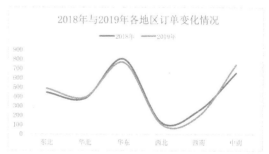

●图 9-10　2018 年与 2019 年各地区订单变化情况

通过订单分析，在 2019 年中，华东地区与中南地区订单量比较多，而西北地区与西南地区的订单量比较低。通过 2018 年与 2019 年的相互对比，可以发现，2018 年与 2019 年相差不大，因此可以得出 2019 年中订单量相对比较稳定。

9.3.2　销售经理的 KPI

对于承担 KPI（关键绩效指标）的业务部门来说，就是根据当前的时间进度预估考核周期末各个 KPI 指标的完成情况，对于可能完成不了的指标，发出预警；如果是部分区域完成得不好，就发给这些区域的经理，促使他们快速完成相应目标，所以为了判断各位地区经理的销售情况，需要对数据进行 KPI 分析。

需求 1：2019 年各地区经理的销售情况。

1）建立数据透视表，具体步骤为：选择源数据表，单击"插入"选项卡→"数据透视表"按钮，建立数据透视表。

2）行标签为"地区经理"，值为"销售额""数量"以及"利润"，筛选器为"年"。得到数据表为 2019 年各地区经理的销售额、数量与利润情况，如图 9-11 所示。

3）可以选择数据，插入组合图，用可视化形式表现数据，图 9-12 为 2019 年各地区经理的销售额、数量以及利润情况。

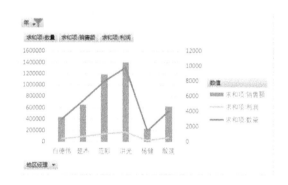

●图 9-11　各地区经理的销售情况　　　　●图 9-12　各地区经理的销售情况图表

通过上述数据可以发现，范彩经理以及洪光经理的销售额、数量以及利润均是比较高的，而其他经理，比较一般。接下来结合退货数进行分析。

需求 2：2019 年各地区销售经理退货数。

1）建立数据透视表，具体步骤为：选择源数据表，单击"插入"选项卡→"数据透视表"按钮，建立数据透视表。

2）行标签为"地区经理"，值为"退回数"，筛选器为"退回"，选择筛选器为"是"，将年份设置为切片器，如图 9-13 为各个地区经理的退回数量。

3）单击"分析"选项卡→"字段、项目和集"按钮，添加字段"退回均值"，退回均值为"52"，如图 9-14 所示。

4）可以选择数据，插入组合图，用可视化形式表现数据，如图 9-15 所示。

通过需求 1 的分析，范彩经理以及洪光经理的销售额、数量以及利润均是比较高的，但是在退回分析中能发现，范彩经理以及洪光经理的退货量也比较高，因此接下来就需要分析各位销售经理的实际销售额分布情况。

图9-13 2019年各地区经理退回情况　　●图9-14 设置退回均值

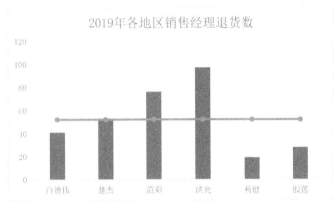

●图9-15 各地区经理退回分布

需求3：2019年各地区经理实际销售额占比。

1）建立数据透视表，具体步骤为：选择源数据表，单击"插入"选项卡→"数据透视表"按钮，建立数据透视表。

2）行标签为"地区经理"，值为"销售额"和"销售额占比"，筛选器为"退回"，选择筛选器为"否"，插入"年"切片器，筛选出2019年的数据，此时得到图9-16 2019年各地区经理2019年的实际销售额及其占比。

3）制作瀑布图。瀑布图是由麦肯锡顾问公司所独创的图表类型，因为形似瀑布流水而得名。

当用户想表达两个数据点之间数量的演变过程时，可使用瀑布图。当用户想表达一连续的数值加减关系时，也可使用瀑布图。

通过数据透视表进行可视化展示，得到结果如图9-17所示。

在原本的销售额分析中，去掉退回的数据，分析实际销售额分布时，可以发现数据中依然是范彩经理以及洪光经理的销售额比较高。因此在销售额表现方面，范彩经理以及洪光经理的表现比较优异。

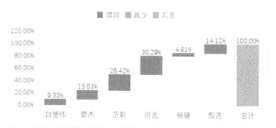

●图 9-16　2019 年各地区经理实际销售额占比　　●图 9-17　2019 年各地区经理实际销售额占比图表

需求 4：2019 年各地区经理销售额完成情况。

1）建立数据透视表，具体步骤为：选择源数据表，单击"插入"选项卡→"数据透视表"按钮，建立数据透视表。

2）行标签为"地区经理"，值是"销售额"，得到数据。将年份和退回（为"否"）放入筛选器，留下 2019 年的数据，结果如图 9-18 所示。

3）假设各个地区销售经理的销售目标如图 9-19 所示。

年	2019年
退回	否

地区经理	求和项:销售额
白德伟	377081.372
楚杰	607667.558
范彩	1067697.523
洪光	1224269
杨健	194579.75
殷莲	570639.56
总计	4041934.763

●图 9-18　2019 年各地区经理
销售额分布

地区经理	求和项:销售额	销售目标
白德伟	377081.372	200000
楚杰	607667.558	700000
范彩	1067697.523	1000000
洪光	1224269	1300000
杨健	194579.75	350000
殷莲	570639.56	600000
总计	4041934.763	4150000

●图 9-19　2019 年各地区经理
销售额及其目标完成

4）可以选择数据，插入柱形图，用可视化形式表现数据，如图 9-20 所示。

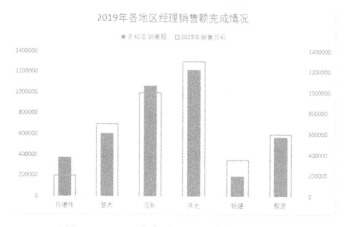

●图 9-20　2019 年各地区经理销售额完成情况

通过各位销售经理实际销售额与目标的结合，可以发现白德伟经理与范彩经理完成了销售目标，由于数据到了 10 月份，因此可以继续激励其他销售经理完成销售目标。

9.3.3 商品销售情况

商品分析是指对商品的进货、销售、库存情况进行的分析。比如商品库存太大，占用资金，则采购进货不合理；商品陈列不合理，造成发货不及时，销售滞后。在销售环节，经常需要对商品进行分析，比如畅滞销分析、价值综合分析和价格分析等。

需求1：2019年各品类商品销售额贡献。

1）建立数据透视表，具体步骤为：选择源数据表，单击"插入"选项卡→"数据透视表"按钮，建立数据透视表。

2）行标签为"类别"，值为"销售额"与"销售额占比"，将"年"设置为切片器，将"退回"设置为筛选器，得到如图9-21所示的数据表示2019年各品类商品销售额分布。

●图9-21　2019年各品类商品销售额分布

3）可以选择数据，插入饼图，用可视化形式表现数据，如图9-22所示。

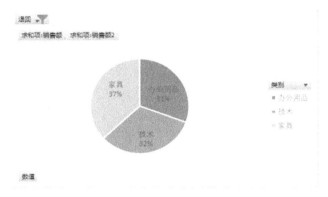

●图9-22　2019年各品类商品销售额分布图表

通过上述透视表与可视化的分析展示，可以发现在2019年，"家具""技术"和"办公用品"三类商品中，家具占比最高，即家具提供的销售额比较高。

需求2：2019年各品类商品地区销售情况。

1）建立数据透视表，具体步骤为：选择源数据表，单击"插入"选项卡→"数据透视表"按钮，建立数据透视表。

2）行标签为"地区""类别""子类别"，值为"数量"，筛选器处为"退回"，将"退回"选为"否"，得到数据。

3）选择"设计"选项卡，将"报表布局"改为"重复所有项目标签"。

4）面对上述数据，可以选择数据，插入旭日图，用可视化形式表现数据，如图9-23所示。

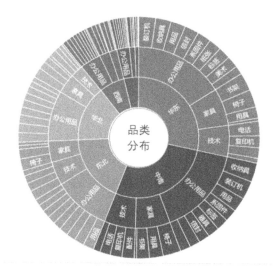

●图9-23　各品类分布

通过透视表与旭日图的综合分析，可以看出华北地区与中南地区的销售额比较高，且在华北地区与中南地区中，办公用品的销售额比较高。

需求3：各品类商品的实际销量趋势。

1）建立数据透视表，具体步骤为选择源数据表，单击"插入"选项卡→"数据透视表"按钮，建立数据透视表。

2）行标签为"订单日期"，列为"类别"，值是"数量"，筛选器为"退回"，得到数据。

3）可以选择数据，插入折线图，用可视化形式表现数据，如图9-24所示。

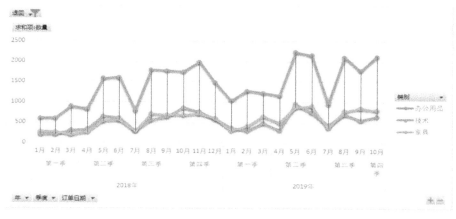

●图9-24　各品类商品的实际销量趋势

通过上述各类商品的趋势分析，可以发现，三类商品在2018—2019年不断波动，且总体趋势是一个向上的趋势，而且在三个品类中，办公用品的销量一直远远高于技术与家具。

9.3.4　客户分布情况

客户分析是根据各种关于客户的信息和数据来了解客户需要，分析客户特征，评估客户价值，比如客户的性别、地区、消费情况，通过这些信息的收集，找出相对比较重要的用户，通过维护这些用户，使其变成忠实用户。

需求 1：2019 年各地区新老客户利润占比。

第一步，筛选出 2019 年新老客户。

1）建立数据透视表，具体步骤为：选择源数据表，单击"插入"选项卡→"数据透视表"按钮，建立数据透视表。

2）将"年"拖至"列"处，将"客户名称"与"地区"拖至"行"处，"利润"求和拖至"值"处。筛选出 2018 年与 2019 年客户数据

3）采用 IF 函数筛选出 2019 年新客户，计算中，要求在 2018 年未购买过，那么就是新客户，否则就是老客户。

第二步，采用数据透视表筛选出 2019 年新老客户利润分布情况，具体结果如图 9-25 所示。

可以选择数据，插入饼图，用可视化形式表现数据，如图 9-26 所示。

求和项:利润

2019年新老客户利润占比

行标签	求和项:利润
老客户	228870.425
新客户	346133.179
总计	575003.604

● 图 9-25　新老客户利润分布　　　　● 图 9-26　2019 年新老客户利润占比

第三步，采用数据透视表筛选出 2018 年各地区新老客户利润分布，具体结果如图 9-27 所示。

可以选择数据，插入百分比堆积柱形图，用可视化形式表现数据，如图 9-28 所示。

通过上述分析，可以看出，新客户贡献的利润大于老客户，在进行地区维度展示中，可以发现东北地区与华东地区的新老客户利润差距不大，而西北与西南地区，利润基本上为新客户提供。

求和项:2018年利润	列标签	
行标签	老用户	新用户
东北	32609.878	54991.832
华北	35022.428	78488.011
华东	96159.574	77431.228
西北	4738.86	29861.916
西南	14906.892	26646.984
中南	72695.861	98389.536

● 图 9-27　新老客户利润情况

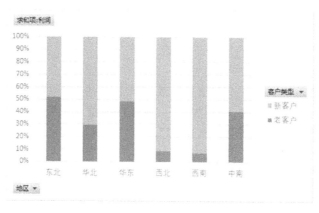

●图9-28 新老客户分布

需求2：2019年客户细分。

1）建立数据透视表，具体步骤为选择源数据表，单击"插入"选项卡"数据透视表"按钮，建立数据透视表。

2）行标签为"客户名称"，值为"订单ID"与"销售额"，筛选器处为"年"，将"年"选为"2019"，得到数据。

可以选择数据，插入散点图，用可视化形式表现数据，如图9-29所示。

●图9-29 2019年客户细分

在四象限图中，首先第一象限为普通用户，特征为销售额低，订单量低；第二象限为高价值低频用户，特征为销售额比较高，但是订单量比较低；第三象限为超级用户，此区间用户，提供的销售额比较高，且订单量高，是比较重要的用户；第四象限为高频低价值用户，此象限特征为购买频率高，但是销售额比较低。因此可以通过四象限法对用户进行分层。

需求3：2019年各地区客户分布。

1）建立数据透视表，具体步骤为：选择源数据表，单击"插入"选项卡"数据透视表"按钮，建立数据透视表。

2）行标签为"地区"与"客户对象"，值为"客户名称"，筛选器处为"年"，将"年"选为2019，得到数据。

3）选择"设计"选项卡，将"报表布局"改为"重复所有项目标签"。

4）可以选择数据，插入树状图，用可视化形式表现数据，如图9-30所示

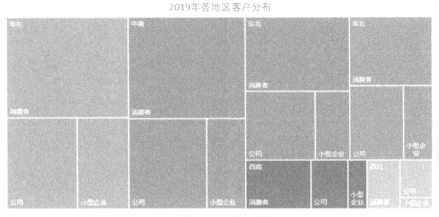

●图9-30　2019年各地区客户分布

通过上述分析，可以大致发现，对于客户对象，在各个地区中，消费者为重要客户。

9.4　小结

通过上述电商案例分析，通过数据透视表与可视化的结合，对电商案例进行了探索。在电商行业中，面对多指标、大量的数据，数据透视表的使用将会大大降低工作量。在使用过程中，面对大量的数据指标，数据透视表通过值得汇总与显示方式帮助人们进行数据各类计算，数据透视表不仅仅可以用来汇总求和，还可以用来计数、求平均值、最大值、最小值、乘积、方差等。操作过程中，可以结合切片器和日程表使用，使数据展示得更加有条理。在面对大量数据时，数据透视表与图形的结合，将会大大提升数据的可读性。